Mythos Hund

Irrtümer rund um Wölfe, Dominanz & Co.

Ulmer

Inhalt

Ein Wort vorab

Wird Ihnen nicht auch manchmal ganz schwindelig angesichts der vielen Thesen und Theorien mit denen Sie als Hundehalter konfrontiert werden? Oft kommt es uns so vor, als gäbe es ebenso viele Hundeexperten, wie es Hunde gibt, vermutlich noch etliche mehr. Es ist gar nicht so leicht, den Durchblick zu behalten: Was sind moderne Erkenntnisse, was veraltete Vorstellungen über unsere Hunde und deren Erziehung? Dabei wollen wir doch nur eins – das Beste für unseren Hund.

Aus dem Wirrwarr der Theorien und Thesen, Mythen und Meinungen möchte ich Ihnen mit diesem Buch heraushelfen. Zum Glück gibt es heute so viele und so fundierte Forschungsergebnisse wie noch nie zuvor über unsere Hunde, ihr Verhalten, ihre Kommunikation, ihre Gefühle und ihr Denken sowie ihre Lernfähigkeit. Monat für Monat, Jahr für Jahr, kommen neue Erkenntnisse hinzu, wird das Bild unserer Haushunde immer differenzierter. Vor dem Hintergrund der aktuellen Forschungen beleuchte ich für Sie einige der gängigsten Mythen, die Sie sicher schon mehrfach gelesen oder gehört haben.

So werden Sie Ihrem Hund ein starker Partner. Lernen Sie, gezielt Fehlinformationen herauszufiltern, bekommen Sie ein Gespür dafür, was Ihrem Hund gut tut, weil es ihm und seinen Bedürfnissen entspricht und seien Sie neugierig auf immer neue Erkenntnisse aus der Welt der Forschung.

Viel Freude mit Ihrem Hund und mit diesem Buch wünscht Ihnen
Karin Joachim

Das Hundeverhalten

Was Hunde körpersprachlich ausdrücken, wie sie sich gegenüber Artgenossen verhalten und was sie mit Wölfen gemeinsam haben ist spannend – und nicht immer ist alles so, wie es auf den ersten Blick scheint!

Mythos Hunde sind gezähmte Wölfe

Nein, gezähmte Wölfe sind sie nicht. Man spricht von Domestikation und meint damit etwas anderes. Trotz ihrer Abstammung vom Wolf (*Canis lupus*) sind Hunde (*Canis lupus familiaris*) nämlich nicht einfach gezähmt. Obwohl sie sich mit den Wölfen mehr als 99 % des Erbgutes teilen, haben sie sich in der langen Zeit der Domestikation nicht nur in ihrem Aussehen verändert, sondern in ihrem Verhalten ebenfalls. Wäre der Hund lediglich ein gezähmter Wolf, könnte er keinesfalls mit uns in einer Stadtwohnung leben oder würde mit uns so gut kooperieren. Die Tatsache, dass ihr Basisverhalten kanidentypisch ist, hat in der Vergangenheit oft zu Fehlinterpretationen des Hundeverhaltens geführt, denn man kann Ergebnisse aus Wolfsforschungen nicht 1:1 auf unsere Haushunde übertragen. Ohne das Wissen über wild lebende Wölfe allerdings, ist ein Verständnis unserer geliebten Vierbeiner dennoch nicht möglich.

Deutliche Unterschiede

In einigen Aspekten des Verhaltens unterscheiden sich unsere Hunde deutlich von den wild lebenden Vorfahren, manchmal sind es aber nur graduelle Unterschiede. Fast schon legendär ist die Bereitschaft der Haushunde, mit uns Menschen zu kooperieren. Außerdem verstehen sie uns sogar besser als es unsere eigenen Vorfahren, die Primaten, tun. Nicht nur das, manche hundliche Fähigkeit lässt Parallelen zu denen kleiner Kinder in bestimmten Entwicklungsstufen erkennen. Hunde können sich sogar partiell in ihr menschliches Gegenüber hineinversetzen, wissen beispielsweise, wann ihr Mensch sehen kann, dass sie es auf ein verstecktes Futterbröckchen abgesehen haben. So haben sie es schnell raus, wann es sich lohnt, etwas zu stibitzen und wann eben nicht. Woher kommen diese Fähigkeiten? Sind unsere Vierbeiner einfach gute

Beobachter, haben sie diese Fähigkeiten von ihren Urahnen, den Wölfen, mitbekommen oder sind sie ein Produkt der Domestikation? Eine Theorie besagt, Mensch und Hund hätten sich konvergent (übereinstimmend) entwickelt. Viele weitere Fähig- und Fertigkeiten, die wir als typisch Hund ansehen, sind doch eine Antwort auf das Zusammenleben mit uns Menschen. Sie werden einigen dieser erstaunlichen Verhaltensweisen und Lernleistungen noch im Laufe dieses Buches begegnen.
Praxis: Bedenken Sie, dass Ihr Hund ein Haustier ist und bereit ist, eine ganz intensive Beziehung zu uns Menschen aufzubauen.

Der Begriff **Domestikation** wird vom Lateinischen *domus*, das Haus, abgeleitet. In einem Evolutionsprozess werden aus Wildtieren Haustiere (siehe Namenszusatz „*familiaris*"). Dabei isoliert sich das Tier immer mehr von seiner Wildform (hier dem Wolf).

Mythos Welpen lernen nur bis zur 16. Lebenswoche

Nein, Hunde lernen ihr Leben lang. Es ist zutreffend, dass es im Leben eines jeden Hundes, so wie bei vielen Säugetieren und auch uns Menschen, spezielle Entwicklungsphasen gibt. Beim Hundewelpen unterteilt man grob vier Phasen:

- Pränatale Phase: bis zur Geburt,
- Neonatale/vegetative Phase: bis zum Öffnen der Augen um den 12. Tag,
- Übergangsphase: bis etwa zum 21. Tag sowie die
- Sozialisationsphase.

Letztere ist von besonderer Bedeutung für das gesamte spätere Leben. Die Umwelterkundung mit der Gewöhnung an alles, das dem Vierbeiner im späteren Leben begegnen wird, sollte in dieser Zeit erfolgen. Das Spektrum dessen, was Ihr Welpe nun behutsam kennenlernen sollte, ist breit. Dazu gehören Menschen und Tiere, Geräusche, Objekte des täglichen Bedarfs, verschiedene Bodenbeschaffenheiten, Verkehrsmittel und ganz viel mehr.

Sozial lebende Arten müssen die Regeln des Zusammenlebens und die Umwelt erst kennenlernen. Die **Sozialisation** des Hundes umfasst die Kommunikation mit Artgenossen, anderen Tieren, dem Menschen sowie das Kennenlernen von Umweltreizen.

Hunde, die in dieser Phase isoliert aufwachsen, haben es im späteren Leben schwer, sind eher ängstlich und lernen weniger leicht. In dieser Zeit entwickeln sich nämlich wichtige Nervenverbindungen im Gehirn und ohne Umwelterfahrungen können sich diese nicht ausbilden. Das kann später kaum noch nachgeholt werden.

Es ist nie zu spät

Weil es heißt, dass sich das Zeitfenster der Sozialisation spätestens mit der 16. Lebenswoche schließen würde, versuchen viele Hundehalter, ihren Welpen im Sauseschritt mit allem zu konfrontieren, was das Leben bietet. Folge: Überforderung von Mensch und Hund. Jedoch kann hier entwarnt werden, denn die Sozialisationsphase endet nicht abrupt, sondern erst mit der Pubertät. Trotzdem bleiben die ersten 16 Wochen für die Entwicklung besonders wichtig. Deshalb sollte Ihr Welpe, der ab dem Ende des vierten Monats ein Junghund ist, in den ersten Lebenswochen möglichst viel kennenlernen, die Basics eben. Dass Hunde lebenslang lernfähig bleiben, liegt vor allem an ihrer Erkundungsfreude und ihrer natürlichen Neugier.

Praxis: Sorgen Sie für gute Startbedingungen und fordern Sie Ihren Welpen in den ersten Lebenswochen ohne ihn zu überfordern. Hunde lernen lebenslang.

Mythos Welpen muss man nicht erziehen

Doch! Sobald ein Hundewelpe das Licht der Welt erblickt (auch wenn er zu der Zeit noch nicht sehen kann), lernt er vom ersten Moment an. Und das, was er lernt, beeinflusst sein ganzes späteres Leben. Mit kleinen Erziehungsübungen kann man schon bald nach der Übernahme des Wirbelwindes beginnen. So begreift der Naseweis, dass er auf Sie achten und gewisse Aufgaben erfüllen muss. Er lernt quasi, zu lernen und sich zu konzentrieren. Dies ist sehr wichtig für die Entwicklung seines noch im Wachstum befindlichen Gehirns. Nervenbahnen, die für das Verarbeiten von Reizen notwendig sind, werden erst durch Forderung überhaupt gebildet. Regeln sind fürs spätere Zusammenleben wichtig und frühes Üben verhindert später viele Konflikte. Eine Idee davon, dass es gewisse Regeln gibt, haben ihm idealerweise schon seine Mutter und Geschwister vermittelt. Nun sind Sie dran!
Praxis: Es geht nicht darum, einem erst einige Wochen alten Welpen das perfekte „Sitz!“ oder „Platz!“ oder ein zuverlässiges „Komm!“ beizubringen, sondern darum, eine gemeinsame Beziehung aufzubauen und ihm den Spaß am Lernen zu vermitteln. Gleichzeitig erfährt er, dass es Dinge gibt, die Sie nicht möchten. Deshalb können Sie schon das Kommando „Nein!“ oder „Lass das!“ einführen. Natürlich sollten die Erziehungssequenzen nicht zu lange dauern, denn der Kleine kann sich nur kurze Zeit konzentrieren. Ruhe- bzw. Spielphasen sind genauso wichtig.

Mythos Welpen genießen Welpenschutz

Nein, das stimmt gar nicht. Nur weil ein Hund noch ein Welpe ist, kann er sich nicht alles erlauben. Das machen ihm manchmal ältere Hunde deutlich. Ursprünglich bezieht sich der Begriff auf das eigene Wolfs- oder Hunderudel, also auf seine eigene Familie. Im Allgemeinen gehen die älteren Familienmitglieder eher tolerant mit den kleinen Neugiernasen und Frechdachsen um, denn sie scheinen zu wissen, dass die Kleinen noch viel lernen müssen. Und das bringt man ihnen am besten mit Geduld bei. Trotzdem können die Welpen längst nicht alles anstellen. Maßregelungen gibt es für zu freche oder distanzlose Jungspunde, jedoch fallen diese nicht unangemessen hart, wenn auch bestimmt aus. Ein Trugschluss wäre es allerdings, dieses „Familienverhalten" 1:1 zu verallgemeinern und so den Welpen außerhalb der eigenen Hundefamilie einfach ohne Aufsicht auf andere, fremde Hunde zustürmen zu lassen. Nicht nur fremde Hunde, sondern der eventuell schon vorhandene erwachsene Zweithund, muss ebenfalls nicht wirklich etwas vom Welpenschutz halten.

Praxis: Achten Sie unbedingt auf das Verhalten fremder Hunde, die sich ihrem Kleinen nähern. Stellen Sie sich im Zweifel immer schützend vor Ihren Naseweis, so würden es Wolfseltern auch machen.

Mythos Die Beißhemmung ist angeboren

Nein! Hundekinder müssen diese erst erlernen. Und die Erkenntnis, dass das Beißen anderen wehtun kann, fällt nicht vom Himmel. Wolfs- und Hundewelpen, die mit ihren Geschwisterchen aufwachsen, lernen dies meist recht schnell. Dann nämlich, wenn sie die Erfahrung machen, dass spitze Zähnchen in der Haut schmerzen. Und wie bekommt der Welpe selbst Rückmeldung, dass er wohl zu feste gebissen hat? Wenn der andere quiekt und kreischt und vielleicht sogar aufhört zu spielen. „Mit dir spiele ich nicht mehr!“. Diese Rückmeldungen sind biologisch sinnvoll. So lernen Welpen, ihre Beißkräfte wohldosiert einzusetzen. Aus diesem Grund sollten Sie als besorgter Hundehalter auch nicht beim ersten Wehschrei Ihres Tausendsassas die sich balgenden Welpen in der Welpenschule trennen. Das ist ein ganz wichtiger Lernprozess. Aber Vorsicht: Wenn es zu heftig wird, müssen Sie Ihren Liebling schützen.

Praxis: Helfen Sie Ihrem Tausendsassa, die Beißhemmung zu erlernen, indem Sie ihm von Anfang zu verstehen geben, wenn er zu feste zubeißt. Und wenn es Ihre Haut ist, dann muss ein beherztes und verbindliches „Au!“ sein. Wenn er nicht begriffen hat, wenden Sie sich kurz von ihm ab. So lernt er: Spiel und Spaß sind zu Ende, wenn ich zu feste beiße. Im Normalfall begreift er schnell, was los ist. Und Sie können sich in Konsequenz üben.

Mythos Hunde, die mit dem Schwanz wedeln, freuen sich

Auch, aber eben nicht nur und nicht in jeder Situation. Das Wedeln gehört zum optischen Ausdrucksverhalten (siehe Seite 59), wie auch die Gesichtsmimik und die allgemeine Körperhaltung. Forscher haben herausgefunden, dass Wolfswelpen eher in Situationen mit dem Schwanz wedeln, in denen sie sich unterwerfen wollen. Hunde dagegen zeigen dieses Wedeln vor allem dann, wenn sie mit anderen – Menschen oder Artgenossen – Kontakt aufnehmen möchten. Wenn man genauer hinschaut, so erkennt man, dass sich das Wedeln von Hund zu Hund und von Situation zu Situation deutlich unterscheiden kann. Der Schwanz wedelt bei fröhlichen Begrüßungen oftmals recht schnell und gleichmäßig hin und her. Dabei ist der Gesichtsausdruck entspannt, die Körperhaltung neutral. Eine eher tiefe Haltung oder auch ein langsameres, zögerlicheres Wedeln kann Unsicherheit ausdrücken. Aktive Demut zeigt ein Hund, der mit seinem Schwanz, den er eher gesenkt hält, in einer hohen Frequenz wedelt, sich dabei in mehr oder weniger geduckter Haltung auf seinen Partner hin bewegt. Möchte der Vierbeiner einen anderen Artgenossen beeindrucken, so hält er seinen Schwanz in erhobener Imponierhaltung und wedelt damit eher langsam hin und her.

Praxis: Schauen Sie genau hin, wenn Ihr Hund mit seinem Schwanz wedelt. Manchmal weist das Wedeln auf eine innere Anspannung hin.

Mythos Nur dominante Hunde markieren

Nein. Noch wissen wir aber längst nicht alles über das Markierverhalten unserer Haushunde. Hunde sind Nasentiere, weshalb ein Großteil ihrer Kommunikation auf der geruchlichen Ebene stattfindet.

Hunde-Kommunikation

In erster Linie kommunizieren Hunde über das Absetzen von Urin, das Beschnuppern eigener und fremder Pinkelstellen, das Scharren und weitere optische Signale miteinander. Das heißt, sie vermitteln viele Informationen: Wer hat da markiert, wie steht es um seine Gesundheit, ist es ein Männchen oder Weibchen, in welchem hormonellen Status befindet sich der Sender der Information? Und vieles mehr. Da die im Urin enthaltenen Duftstoffe unterschiedlich lange brauchen, um sich zu verflüchtigen, kann zudem sicher erschlossen werden, ob es sich um eine ältere oder eine jüngere Markierung handelt. Der Nachteil an Urinmarkierungen ist, dass sie jeder lesen kann, also auch diejenigen, für die sie eigentlich gar nicht bestimmt sind. Und, Hunde können die chemische Zusammensetzung nicht fälschen, es sind also sehr ehrliche und zuverlässige Signale. Manchmal kann man beobachten, dass Hunde bei ihrer Begegnung ein regelrechtes Darüber-Markierritual praktizieren. Das geschieht zumeist in freundli-

Wenn ein Lebewesen das Verhalten eines anderen kontrolliert, übt es **Dominanz** aus. Es gibt Unterschiede zwischen formaler (basierend auf Wissen und Erfahrung) und situativer (z.B. auf Wettbewerb oder Ressourcen bezogener) Dominanz.

cher oder neutraler Stimmung, es ist dann ein Begrüßungsritual. Bei wild lebenden Wölfen und verwilderten Haushunden konnte beobachtet werden, dass ebenso rangniedrigere Tiere übermarkieren. Hunde- oder Wolfrudel festigen mittels ihrer Urinmarkierungen vor allem auch ihr internes Zusammenleben. Das Urinieren auf Gegenstände, beispielsweise im Haus, steht vermutlich ebenfalls nicht im Zusammenhang mit einer Dominanzgeste, sondern scheint eine Kennzeichnung eines vertrauten Gegenstandes zu sein.
Praxis: Geben Sie ihrem Vierbeiner bitte unbedingt zu verstehen, dass Gegenstände wie Blumenkübel, Parkbänke etc. nicht angepieselt werden sollten und auch auf dem Spazierweg liegende Vorgärten tabu sind.

Mythos Nur Rüden heben beim Pieseln das Bein

Nein, auch Hündinnen tun das. Vielen Hundehaltern ist jedoch nur deren Hockstellung bekannt, die männliche Junghunde ebenfalls zeigen. Manche Hündinnen hocken sich zwar hin, heben jedoch leicht eines der Hinterbeine an, wenn sie Urin absetzen.

Die „Rüdinnen"

Seltener ist bei Hündinnen eine Urinabgabe im Stehen, so wie bei den Rüden. Diese Hündinnen werden neuerdings in der Literatur als „Rüdinnen" bezeichnet. Dieser Begriff sollte jedoch keinesfalls zu der Annahme verleiten, diese Hündinnen wären nun besonders dominant. Forscher haben herausgefunden, dass für dieses Verhalten Hormone verantwortlich sind. Allerdings sind diese Hormone nicht etwa in dem Moment des Urinabsetzens aktiv, sondern sie haben ihre Wirkung viel früher entfaltet, nämlich noch im Mutterleib. Hündinnen, die etwa im Mutterleib zwischen zwei Rüden lagen, haben vermutlich eine Dosis Testosteron mitbekommen, die dann das Anheben des Beins beim Markieren im späteren Leben quasi vorbereitet. Forscher halten es zudem für wahrscheinlich, dass diese frühe Einwirkung des Testosterons bei weiblichen und natürlich auch bei männlichen Welpen sogar schon ihre Vorliebe für Pfosten und Laternenpfähle, also vertikale Gegenstände, programmiert.

Praxis: Wundern Sie sich also nicht, wenn Ihre Hündin beim Pieseln das Bein hebt. Bestrafen Sie sie bitte nicht dafür.

Mythos Nach der Pubertät lernen Hunde nichts mehr

Das stimmt nicht. Hunde lernen lebenslang. Allerdings gibt es in ihrem Leben Phasen, in denen sie besonders gut lernen. Die sogenannte Sozialisationsphase (siehe Seite 10) ist eine davon. Nach der Pubertät, die je nach Rasse zwischen dem ersten und dritten Lebensjahr abgeschlossen ist, lernen Hunde noch weiter. Der Unterschied ist, dass es manchmal länger braucht, bis es sitzt. Das ist ganz ähnlich wie bei uns Menschen. Hunde geistig zu fördern ist genauso wichtig, wie sie körperlich auszulasten. Ihre Konzentrationsfähigkeit ist von vielen Faktoren abhängig, etwa ob sie gesund oder krank sind, ob es ihnen zu warm ist, wie es um ihren Hormonstatus steht oder wie alt sie sind. Manchmal haben sie jedoch einfach einmal einen schlechten Tag. Ruhepausen und ausreichend Schlaf helfen, die Erlebnisse und Erfahrungen des Tages zu verarbeiten (siehe dazu Seite 82). Wenn Hunde bestimmte Aufgaben nicht lösen können, dann liegt es manchmal auch an unserer Ungeduld, an zu viel Ablenkung oder daran, dass Kopfarbeit anstrengend ist. Außerdem sind manche Aufgaben für sie einfach unlösbar, weil sie Hunde und keine Menschen sind.

Praxis: Stellen Sie Ihrem Hund immer wieder kleine Denkaufgaben, und zwar in jedem Alter. Geistig anregend ist übrigens auch das Erkunden neuer Spazierwege.

Mythos Hundespiel bereitet auf den Ernst des Lebens vor

Ja, aber anders, als man vielleicht denkt: Das Spiel hat viele Facetten: Körper und Geist werden geschult, aber auch und vor allem das soziale Miteinander. Hunde spielen mit Hunden, aber sie spielen genauso gerne mit ihren Menschen. Dabei ist hier nicht das monotone Bällchenwerfen gemeint, sondern echtes Sozialspiel (siehe auch Seite 120).

Das hundliche Spiel ist durch eine Aneinanderreihung von Verhaltensweisen aus ganz unterschiedlichen Kontexten gekennzeichnet. Dabei ist das, was als nächstes folgt, nicht ritualisiert, sondern spontan: ein Hopser, eine Kehrtwende, ein leichtes Anrempeln. Der Mitspieler kann sich darauf einlassen oder auch nicht. Tut er das nicht und bietet ein anderes Verhalten an, gilt es, sich nun darauf einzulassen oder eben nicht. Ziel jedoch ist es, das Spiel aufrechtzuerhalten, denn Spiel hat eine besondere Qualität. Nur wer kooperiert, kann weiterspielen. Das ist wohl die wichtigste Lektion!

Rollenspiele und noch mehr

Rollenspiele gehören ebenfalls zum hundlichen Spielrepertoire: Selbst Hundeeltern beharren nicht immer auf ihrer Position und lassen auch schon einmal die Jungspunde gewinnen. Wer oben auf ist und über dem anderen steht, ist jetzt egal. Genauso wer das Spiel beginnt oder wer vorausläuft.

Missverständnissen wird dennoch vorgebeugt, indem Hunde ihr Spielgesicht aufsetzen mit ganz deutlicher, auf uns häufig übertrieben wirkender Mimik – Zähnefletschen, Knurren oder Bellen können vorkommen. Ständig wechselt ihr Ausdruck und immer wieder gibt der „play bow“, die Vorderkörpertiefstellung, Sicherheit: Es wird gespielt. Aber wer sich unfair verhält, indem er beispielsweise zu stark zwickt, für den findet sich bald kein Spielpartner mehr. Also heißt es, sich selbst zu zügeln und fair zu spielen.

Spiel hilft generell dabei zu lernen, mit Frustrationen besser umzugehen, ein besseres Problemlöseverhalten an den Tag zu legen, sich anzupassen und Selbstvertrauen zu entwickeln. Kooperation und Fairness werden in keinem anderen Lebensbereich so unmittelbar erlernt wie im Sozialspiel. Spiel hat also viele Funktionen: motorische, kognitive und soziale. Vor allem fördert es das soziale Miteinander. Flexibilität im Spiel, Neugier, Anpassungsfähigkeit und die Bereitschaft zur Kooperation sowie Achtsamkeit bereiten Ihren Vierbeiner auf das echte Leben vor.

Praxis: Wagen Sie ruhig einmal das Spielen mit Ihrem Hund ganz ohne Hilfsmittel. Sie werden Spaß haben und er auch. Stellen Sie trotzdem Regeln auf, zum Beispiel die, dass das Beißen in Ihre Hand tabu ist, indem Sie „Auah!“ sagen. Nach einer kurzen(!) Spielunterbrechung geht es weiter. Sie werden sehen, solche Spieleinheiten haben tatsächlich positive Auswirkungen aufs „echte“ Leben, weil es unter anderem die Bindung zwischen Ihnen und Ihrem Hund stärkt.

Mythos Hunde haben kein Ich-Bewusstsein

…, weil sie sich selbst nicht im Spiegel erkennen? Nein, das stimmt so nicht. Heute geht man davon aus, dass der sogenannte Spiegeltest nicht unbedingt etwas darüber aussagt, was das Individuum über sich selbst weiß. Haben Hunde, anders als Primaten kein Ich-Bewusstsein, weil sie nicht erkennen, dass sie es selbst da im Spiegel sind? Stellen wir mit dem Spiegeltest einfach eine falsche Frage? Menschen sind visuell orientiert, aber unsere Hunde? Ist für sie nicht der Geruchssinn wesentlich wichtiger?

Woraus beziehen unsere Hunde also ihr Ich-Bewusstsein? Marc Bekoff ging diesem Aspekt genauer nach: Er beobachtete seinen Hund im Winter, wie er eigene Urinmarkierungen und die anderer Vierbeiner las, und kam zu dem Ergebnis: Hunde beziehen ihr Ich-Bewusstsein nicht aus ihrem Spiegelbild, sondern aus ihrem eigenen Geruch. Man ist sich sicher, dass Hunde wissen, was sie tun – sie kennen ihren Geruch und ihre Wirkung auf andere. Das ist ihr Selbstbewusstsein.

Praxis: Beobachten Sie Ihren Hund. Meinen Sie nicht auch, dass er genau weiß, wie er auf Sie wirkt?

Mythos Hunde können lächeln

Ja, aber nicht alle ... tatsächlich zeigen manche Hunde in ganz bestimmten Situationen einen sehr merkwürdigen Gesichtsausdruck, der an unser menschliches Lächeln oder breites Grinsen erinnert. Bei diesem Lächeln wird kurzfristig die Oberlippe entblößt, sodass das Zahnfleisch zu sehen ist. Dies wird mehrfach und in kürzerer Frequenz wiederholt. Außerdem werden die Ohren nach hinten bewegt. Und was will uns der Hund dann sagen? Ein aufgerissenes Maul, bei dem man die eindrucksvollen Zahnreihen sehen kann, löst bei vielen Menschen noch immer Unbehagen aus. „Lächeln Sie bloß nicht Ihren Hund an, er könnte das missverstehen", heißt es sogar manchmal. Wir müssen also umdenken, denn manchmal lächelt unser Hund, wenn wir zum Beispiel nach Hause kommen. Da das bei entspannter Körperhaltung geschieht, geht es wohl nicht um Unterordnung. Oft lächeln sie im engen sozialen Kontakt mit uns wie etwa beim Kraulen und Kuscheln. Jedoch sind die Übergänge zu einem submissiven, unterwürfigem Verhalten manchmal fließend. Das Spielgesicht mit geöffnetem Maul sieht ebenfalls wieder ganz anders aus.

Es gibt allerdings Hunderassen bzw. Mischungen, die dieses Lächeln nicht zeigen. Das Lächeln ist evolutionär betrachtet noch recht neu im Verhaltensrepertoire unserer Haushunde.

Praxis: Freuen Sie sich, wenn Sie Ihr Hund anlächelt, dann meint er nur Sie. Seien Sie aber nicht enttäuscht, wenn er es nicht tut, er kann es vielleicht einfach nicht. Seine Freude über unser Nachhausekommen oder die Streicheleinheiten zeigt er uns auch anders.

Mythos Kennst du einen, kennst du alle ...

Nein, Hunde haben ganz unterschiedliche Wesensarten. Unsere Vierbeiner kommen aber, genau wie wir Menschen, nicht mit einer fertigen Persönlichkeit auf die Welt. Gene machen zwar einen Teil von ihr aus, aber sie sind längst nicht alleinig vorherbestimmend. So ist das nachgeburtliche Verhalten der Mutter bereits weichenstellend: Fürsorgliche Mütter legen den Grundstein für die Entwicklung einer ausgeglichenen Persönlichkeit. Ihre Nachkommen verkraften später Umwelteinflüsse wesentlich besser als vernachlässigte Tiere. Selbst vorgeburtliche Einflüsse können die Persönlichkeit prägen. Ebenso tragen Umwelterfahrungen und Lebensbedingungen zur Entwicklung bei, die bei Hunden erst nach der Pubertät (bei manchen Hunden erst im Alter von rund 3 Jahren) weitgehend gefestigt ist. Mit zunehmendem Alter werden die Verhaltensmerkmale, die eine Persönlichkeit ausmachen, immer stabiler. Man versucht Hundetypen gemäß ihres Verhaltens zu unterscheiden:

> A-Typen sind wagemutiger, reaktionsschneller und durchsätzungsstärker. Sie können allerdings mit Stress

weniger gut umgehen, da ihre Frustrationstoleranz nicht so hoch ist.
- B-Typen dagegen sind zurückhaltender und passiver, dafür lassen sie sich nicht so schnell stressen.

Fachleute vermuten, dass eine Zugehörigkeit zu einem dieser Typen zu $^{1}/_{3}$ genetisch bedingt ist, zu $^{2}/_{3}$ aber auf Umweltfaktoren zurückzuführen ist. Eine andere Einteilung ist das sogenannte Fünf-Faktoren-Modell (FFM) aus der Humanpsychologie. Die Persönlichkeitsstruktur machen demnach fünf verschiedene Achsen aus:
- Extrovertiertheit: z.B. Geselligkeit, Selbstsicherheit,
- Neurotizismus: z.B. Übermäßige Empfindlichkeit, Ängstlichkeit,
- Nettigkeit: z.B. Kooperationsbereitschaft,
- Offenheit: z.B. Neugier und schließlich
- Gewissenhaftigkeit: z.B. Ausdauer, Zuverlässigkeit.

Praxis: Geben Sie Ihrem Hund die Chance, seine eigene Persönlichkeit zu entwickeln. Jeder Hund ist anders und wir machen uns und unserem Hund das Leben leichter, wenn wir seine ganz eigene akzeptieren. Haben Sie ein Gespür für Verhaltenstendenzen, die Sie fördern können, aber suchen Sie sich auch professionelle Hilfe, wenn Sie sich bei bestimmten Verhaltensweisen unsicher sind.

Mythos Mancher Hund ist besonders intelligent

Hier gibt es keine eindeutige Ja- oder Nein-Antwort. Denn: Was ist eigentlich Intelligenz? Ganz allgemein sind das bestimmte Fähigkeiten, die es dem Individuum ermöglichen, flexibel auf seine Umwelt zu reagieren. Wir alle möchten einen intelligenten Hund haben und erwarten, dass er über eine schnelle Auffassungsgabe verfügt, dass er eigenständig Probleme lösen kann, dass er viele Tricks auf Lager hat, dass er weiß, was wir von ihm wünschen, er mit Kindern fürsorglich umgeht etc. Und das alles bitteschön möglichst ohne großen Aufwand für uns. Und wenn unser Hund diese Erwartungen nicht erfüllen kann? Ist er dann dumm? Schließlich hört man immer wieder Aussagen, eine Hunderasse sei besonders intelligent, eine andere eher behäbig oder begriffsstutzig.

Mit dieser Einteilung macht man es sich aber zu einfach, denn bei Hunden konnten fünf Formen der Intelligenz ausgemacht werden:

- soziale,
- emotionale,
- kollektive,
- technische
- sowie die Umweltintelligenz.

Je nach Vorerfahrungen, Persönlichkeit, Rassezugehörigkeit verfügt jeder Hund über besondere Fähigkeiten aus diesen Bereichen, die der Mensch fördern kann und sollte. Sehr intelligente Hunde können durchaus – ähnlich wie Menschen – auf geistige Unterforderung mit auffälligen Verhaltensweisen und Unruhe reagieren. Aber es gibt auch Grenzen, zum Beispiel körperliche. Wie wir unsere Hunde erziehen und wie wir mit ihnen umgehen, hat großen Einfluss auf ihre Fähigkeiten. Vieles, was von den Anlagen her vorhanden ist, muss trotzdem gefördert werden, wie beispielsweise bei Arbeitshunden. Soziale Intelligenz erlernt sich außerdem nur in der Auseinandersetzung mit Artgenossen und im Kontakt mit uns Menschen.
Praxis: Freuen Sie sich über die Fähigkeiten, die Ihr Hund mitbringt und fördern Sie ihn gezielt und liebevoll und ohne Leistungsdruck. Geben Sie ihm ruhig öfter die Gelegenheit, von selbst auf die Lösung eines Problems zu kommen.

Mythos Hunde täuschen und tricksen nie!

Doch! Wölfe und Hunde tun das! Vor allem Heranwachsende testen gerne ihre Grenzen aus: Sie versuchen herauszufinden, was funktioniert und was nicht. Das kann man im Spiel der Geschwisterwölfe oder der Hundewelpen gut beobachten. Nicht immer ist der, der wie am Spieß schreit, wirklich in Gefahr. Kommen andere Familienmitglieder oder der Mensch zu Hilfe, hat der Schreihals sein Ziel erreicht: Er bekommt Unterstützung. Wiederholt Wölfchen oder Hundchen das aber zu oft, dann kann das nach hinten losgehen. Dann steht man nämlich plötzlich alleine und ohne Spielgefährten da. Beliebt sind außerdem Täuschungsmanöver, damit man an den Knochen oder das Wurstbrötchen gelangt. Auch das Täuschen ist aber zunächst einmal nur Kommunikation.

Erforscht!

Dass unsere Hunde wirklich genau wissen, worauf wir achten, das haben Forscher mittels verschiedener Tests herausgefunden. Wenn wir das Leckerchen nicht im Blick haben, wird hemmungslos geklaut. Außerdem fordern sie gerne unsere Hilfe ein, manchmal nur mit einem Bitte-Bitte-Blick, manchmal aber auch mit wildem Herumhopsen oder Bellen und Fiepen. Über die Jahrtausende hinweg haben unsere Hunde gelernt, auf uns zu achten. Und sie wissen, wie sie uns um ihre Pfote wickeln können. Sie tun dies aber nicht aus bösem Willen oder aus Hinterhältigkeit, sondern weil sie gemerkt haben, dass bestimmte Verhaltensweisen gut funktionieren.
Praxis: Hunde sind einfach clever. Auch wenn es noch so charmant ist: Lassen Sie sich nicht zum Dienstboten Ihres Hundes machen.

Mythos Kleine Hunde sind wagemutiger

Ja, irgendwie schon. Tatsächlich kommt es nicht gerade selten vor, dass kleine Hunde agiler, forscher und wagemutiger sind. Mancher bezeichnet dieses Verhalten vielleicht sogar als größenwahnsinnig. Woran liegt das? Zum einen wird oft der Erziehung der Kleinen weniger Aufmerksamkeit geschenkt, weil sie so niedlich sind oder man annimmt, dass sie aufgrund ihrer geringen Größe kaum stören. Zudem lässt mancher Hundehalter seinen kleinen Liebling vor allem in der Sozialisationsphase zu selten mit anderen Hunden kommunizieren, aus Angst, ihm könnte etwas zustoßen. Übermäßiges Bellen, Kommunikationsschwierigkeiten mit Artgenossen oder Distanzlosigkeiten gegenüber uns Menschen können unter anderem die Folgen sein.

Molekulargenetische Nachweise

Nun hat die Forschung einen weiteren Aspekt entdeckt: Molekulargenetische Studien konnten einen besonderen, den pleiotropen Geneffekt ausmachen. Das heißt: Das Gen, das das Wachstum bremst, ist mit bestimmten Verhaltensweisen gekoppelt. Kühnheit und Wagemut, aber vermutlich auch höhere Erregbarkeit sowie Aufmerksamkeit einforderndes Verhalten gehen damit einher. Es wird sogar angenommen, dass sich Verhaltensäußerungen, die für ein Konfliktmanagement unter Artgenossen benötigt werden, bei ihnen gar nicht ausbilden können. Statt sich auch schon einmal unterwürfig zu geben, zeigen sich die Kleinen daher tendenziell offensiv, was mitunter Konflikte unter Hunden erst eskalieren lässt.

Praxis: Erziehen Sie Ihren Kleinhund konsequent-liebevoll. Sorgen Sie für eine gute Sozialisation in den ersten Lebenswochen.

Die Story: Vom Wolf zum Hund

Die Wissenschaft versucht derzeit, das Rätsel zu lösen: Seit wann gibt es Hunde und woher stammen diese? Wie kann man das überhaupt nachweisen? Früher konnte man Knochen von Hunden, die man zum Beispiel bei Ausgrabungen fand, vorwiegend nur aufgrund ihres Aussehens von Wolfsknochen unterscheiden. So war lange Zeit der Fund eines Kieferknochens aus einem Grab in Bonn-Oberkassel (gefunden 1914) der älteste Hinweis auf einen Hund. Diesen datierte man zunächst auf ein Alter von rund 14.700 Jahren. Nach neueren Theorien, denen molekulargenetische Berechnungen (am Oberkasseler und anderen Knochenfunden) zugrunde liegen, könnte er sogar noch älter sein, etwa 18.800 bis 32.100 Jahre. Damit wäre dann der Hund nicht erst zur Zeit der Sesshaftigkeit der Menschen domestiziert worden, sondern wesentlich früher, als

die Menschen noch als Jäger und Sammler lebten. Vielleicht liegt der Zeitpunkt, an dem sich der Hund vom Wolf abspaltete, sogar noch weiter in der Vergangenheit zurück. Darüber wird die Forschung in den nächsten Jahren mit Sicherheit interessante Neuigkeiten veröffentlichen.

Viele Theorien

Zur Herkunft des Hundes gibt es ganz unterschiedliche Theorien:

- Frauen hätten Wolfswelpen adoptiert.
- Frühe Jäger hätten Wölfe mit zur Jagd genommen.
- Besonders mutige und dabei friedfertige Exemplare hätten sich aus freien Stücken dem Menschen angenähert. Fressbares gab es in der Umgebung menschlicher Lagerplätze oder Siedlungen auch in der Frühzeit. Aus diesen zahmen Wölfen entstanden die Vorläufer unserer Hunde, die Protodogs, und daraus unsere Hunde, die die Menschen auf die Jagd mitnehmen oder als Wächter von Haus und Hof nutzen konnten.

Zurzeit wird weitgehend die dritte Theorie favorisiert.

Und wo war das? Auch darüber ist man sich nicht ganz einig: Im Gespräch für den Ort, an dem der Hund erstmals auftrat sind Afrika, Südostasien und neuerdings sogar Europa.

Wenn also der Hund schon seit so vielen Jahren bei oder sogar mit dem Menschen lebt, dann hat er sich gegenüber seinem wölfischen Urvater auch in seinem Verhalten verändert, wenngleich er noch 99 % wölfisches Erbe in seinen Genen trägt. Egal, wie der Hund letztendlich zum Menschen kam, ohne seine Bereitschaft, mit uns zu kooperieren, wäre dies sicher nicht gelungen. Mit einer einzigen Theorie ist die Herkunft des Hundes vermutlich nicht zu erklären. Warten wir ab, was die Forschung noch ans Licht bringt.

Mythos Bellen ist immer ein Zeichen von Aggression

Nein! Das Bellen der Hunde ist zunächst einmal einfach nur Kommunikation und hat in den verschiedenen Situationen ganz unterschiedliche Bedeutungen. Hört man genauer hin, dann merkt man, dass es beim Bellen große Unterschiede gibt: Mal ist es höher oder tiefer in der Tonlage, mal bellt der Hund nur einmal oder es ist gleich eine Folge mehrerer Belllaute.

Bellvarianten

So gibt es Spielbellen, Spielaufforderungsbellen, Kontakt-, Begrüßungs-, Droh-, Warn-, Territorial- und Erregungsbellen. Das Bellen ist dabei sogar mit anderen Lautäußerungen kombinierbar, zum Beispiel als Knurr-Bellen. Und nicht nur das: Die verschiedenen Rassen besitzen zudem ein unterschiedliches Repertoire an Bellvarianten und bellen unterschiedlich häufig. Auch Wölfe bellen, allerdings eher selten und meist, um das Territorium oder Futter zu verteidigen. Dagegen sind unsere Vierbeiner doch ganz schön „gesprächig". Dies ist einer der Gründe, warum man heute annimmt, das Bellen unserer Hunde habe etwas mit uns Menschen und unserem Sprechen zu tun – vielleicht als Antwort? Belllaute sind also Träger von Gefühlen, Motivationen und Absichten, die von uns Menschen meist

Aggression ist ein biologisch sinnvolles Verhalten, um beispielsweise Ressourcen zu verteidigen. Leitwölfe verhalten sich nur selten aggressiv, denn sie haben eine natürliche Autorität. Für unsichere Hunde ist Aggression oft der letzte Ausweg.

intuitiv verstanden werden. Wenn das hundliche Bellen keine Sprache in unserem Sinne ist, so ist es in erster Linie eine Kommunikation mit uns Menschen.
Praxis: Besonders nervend empfinden wir häufig das Bellen an der Tür. Meist gilt das Bellen uns: „Hey Mensch, guck mal, was da los ist!“. Unsere „Aus!“- oder „Ruhe!“-Rufe verstärken Hundis Aufregung meist, denn wir stimmen ja mit ein. Nehmen Sie in solchen Situationen Ihrem Hund einfach die Verantwortung ab, indem Sie ihm mittels eines bestimmten Wortes, zum Beispiel „Danke“, signalisieren, dass Sie Bescheid wissen und sich nun kümmern werden. Beim nächsten Klingeln sind Sie es, der den Gast zuerst begrüßt. Probieren Sie es aus!

Mythos Ein knurrender Hund wird bald zubeißen

Nein, nicht unbedingt. Wenn ein Hund knurrt, sollte man zunächst einmal genau hinhören, seine Körperhaltung betrachten und die Situation erfassen. Das Knurren ist eine Lautäußerung von vielen, mit der der Hund seiner Umwelt etwas mitteilen möchte. Zunächst ist es ein Signal, dass dieser Hund sich in einer Situation unwohl fühlt oder Angst hat. Erst wenn die Situation weiter unklar bleibt oder sich sein Gegenüber mit dem, was ihn stört oder verunsichert, weiter macht oder ihn weiter bedrängt oder bedroht, wird sich dieser Hund eine andere Strategie überlegen. Das kann ein Rückzug sein, weil er sich selbst nicht gefährden will oder aber auch ein Auffahren stärkerer Geschütze. An dem Ende dieser Verhaltensweisen kann dann ein Angriff stehen, muss aber nicht. Unter gut sozialisierten Hunden oder Hunden, die sich gut kennen, ist man bemüht, es gar nicht erst zu einer ernsthaften Auseinandersetzung kommen zu lassen.

Selbstverteidigung

Das Beißen nach einer oder mehreren Vorwarnungen ist meist der letzte Ausweg. Aber unsichere Hunde können im Rahmen der Selbstverteidigung auch ohne Vorwarnung zubeißen, wenn sie eine Situation als ausweglos empfinden. Aufgepasst: Viele Hunde knurren und grummeln in einem ganz anderen Zusammenhang – nämlich im Spiel. Hier herrschen besondere Regeln (siehe Seite 20).
Praxis: Achten Sie genau auf Ihren Hund, lernen Sie seine Bedürfnisse kennen und bedrängen Sie ihn nicht zusätzlich. Das gilt besonders für Kinder, die manchmal nicht abschätzen können, wann es dem Vierbeiner zu viel wird. Stehen Sie Ihrem Hund bei, wenn Sie den Eindruck haben, dass er sich in einer (für ihn) bedrohlichen Situation allein gelassen fühlt.

Mythos Aggressives Verhalten muss verboten werden

Nein, nicht in jedem Fall, denn aggressives Verhalten dient zunächst einmal der Kommunikation und drückt die innere Befindlichkeit eines Individuums aus. Es soll das Gegenüber dazu bringen, sein Verhalten zu ändern oder auf Distanz zu gehen. Aggressives Verhalten ist also grundsätzlich erst einmal etwas Normales. Trotzdem sollte es nicht verharmlost werden und der Rat, Hunde sollten alles unter sich ausmachen, greift oft zu kurz. Auf der anderen Seite der Bewertungen steht häufig die Ansicht, jegliche Ansätze aggressiven Verhaltens zu unterbinden. Damit nimmt man den Vierbeinern jedoch eine wirklich sinnvolle Möglichkeit, ihren Befindlichkeiten Ausdruck zu verleihen. Es gibt zudem die verschiedensten Formen von Aggression, zum Beispiel Selbstschutz, Jungtierverteidigung oder Verteidigung von Ressourcen.

Für den Laien ist dieser Bereich des Hundeverhaltens wohl der, der am schwierigsten einzuschätzen ist. Wann ist das Verhalten unangemessen, im Sinne von unverhältnismäßig angesichts des Anlasses? Pauschale Ratschläge sind nicht zielführend. Je nach Situation und Vorgeschichte kann Ignorieren oder Unterbinden das Mittel der Wahl sein oder alles nur noch verschlimmern. Wichtig zu wissen: Aggressives Verhalten ist Normalverhalten.

Praxis: Suchen Sie sich einen fundiert ausgebildeten Fachmann, wann immer Sie die leiseste Befürchtung haben, dass etwas aus dem Ruder laufen könnte. Verlassen Sie sich dabei nicht auf Tipps aus den Medien, da diese oft nur einen Einzelfall darstellen. Ermöglichen Sie Ihrem Welpen einen optimalen Start ins Leben, in dem Sie ihn mit viel Feingefühl sozialisieren (siehe auch Seiten 10 und 12).

Der Hundealltag

Wie Hunde erzogen werden sollten, dazu gibt es unendlich viele Mythen und Meinungen, Thesen und Theorien. Was entspricht wirklich der Biologie des Hundes, was macht ihn glücklich und zu unserem besten Freund?

Mythos Die Erziehung zur Unterordnung ist wichtig

Nein, heute weiß man es besser: Es gibt einige Fakten, die die vielbeschworene Erziehung zur Unterordnung in ein ganz neues Licht rücken und viele Annahmen widerlegen. Aber woher kam die These, der Hund müsse sich dem Menschen unterordnen? Die Haltungsbedingungen von Haushunden und ihre Erziehung wurden in der Vergangenheit vor allem auf die Ergebnisse aus Beobachtungen von Gehegewölfen zurückgeführt.

Vorbild Wolf?

Die an sich sinnvolle Methode des Erkenntnisgewinns, nämlich vom Urvater des Hundes auf das Verhalten des Haushundes zu schließen, hat jedoch einen entscheidenden Haken: Gehegewölfe sind zusammengestellte Gruppen aus Tieren unterschiedlichster Herkunft und nur selten miteinander verwandt. Logisch, dass es zu Auseinandersetzungen um Ressourcen wie beispielsweise das Futter kommt. Anders sieht es jedoch bei Wölfen aus, die in der freien Wildbahn leben. Diese leben in Familienverbänden. Da gibt es das Elternpaar sowie Welpen und Geschwister des Vorjahres, wenn diese noch nicht abgewandert sind. Nicht selten helfen die älteren Geschwister bei der Erziehung ihrer jüngeren Geschwister mit, unterstützen also das Elternpaar. Um Konflikte beizulegen, wird auf Wolfsart kommuniziert: Auf allzu forsches Verhalten eines Jungtieres wird schon einmal mit einer akustischen, visuellen oder körpersprachlichen Zurechtweisung reagiert. Im Allgemeinen aber herrscht ein entspanntes Miteinander, denn schließlich müssen alle Familienmitglieder daran mitwirken, dass es der Gruppe gut geht. Kooperation bestimmt das Zusammenleben. Und Wölfe spielen gerne. Dabei übernehmen die Eltern auch schon mal die Rolle des „Unterlegenen" (siehe auch Seite 20).

Was die Welpen in ihren ersten Lebenswochen und -monaten lernen ist soziales Verhalten, keine Unterordnung.

Praxis: Erziehen Sie Ihren Vierbeiner so, dass er Sie als liebevollen, aber konsequenten sowie entscheidungsfreudigen und verantwortungsvollen Sozialpartner wahrnimmt. Das glückt sicherlich nur, wenn sich Ihr Hund nicht unterzuordnen braucht und Sie keinen körperlichen Zwang anwenden.

Unserer Hunde gehören zoologisch zur Familie der **Canidae**. Die Stammform des Hundes *(Canis lupus familiaris)* ist der Wolf *(Canis lupus)*. Zu den Canidae/Kaniden gehören auch Füchse, Kojoten und Schakale.

Mythos Nur eine positive Erziehung ist modern

Ja, aber es gibt dabei einiges zu beachten. Unter einer positiven Erziehung versteht man, dass Verhaltensweisen belohnt werden, damit der Hund diese öfter zeigt. Negative Verhaltensweisen sollen so gar nicht auftreten. Grundsätzlich ist eine Erziehung, die auf guten Gefühlen beruht, vorzuziehen. Allerdings ist es im Alltag nicht immer möglich, darauf zu warten, dass unser Hund ein Verhalten zeigt, dass wir dann mittels Lob und/oder Leckerchen verstärken können. Manchmal ist der Übergang zu einer Konditionierung des Hundes auch fließend. Und damit werden wir leider nicht immer den kognitiven Fähigkeiten und der sozialen Intelligenz unsere Hunde gerecht.

Regeln sind wichtig

Keinesfalls darf man aber eine positive Erziehung mit einer antiautoritären Erziehung verwechseln. Eine Erziehung ohne jegliche Regeln, Gebote und Verbote birgt einige Risiken, denn sie entspricht nicht der kanidentypischen Denkweise. Hunde benötigen Regeln und klare Strukturen, um etwas zu haben, an dem sie sich orientieren können. Auf der anderen Seite verbirgt sich leider hin-

ter manchem Versprechen, die Hunde modern und positiv zu erziehen, dennoch eine Erziehung, die im Kern auf alten Theorien beruht. Eine Erziehung ist dann modern, wenn sie die neuesten wissenschaftlichen Erkenntnisse einbezieht, ebenso wie die Grundsätze der Lerntheorie. Bei allem sollten das Wohl des Tieres und seine arttypischen Bedürfnisse im Vordergrund stehen.
Praxis: Eine positive Grundeinstellung zu Ihrem Vierbeiner und das Schärfen Ihres Blickes für das, was gut funktioniert, ist ein guter Ansatz. Fragen Sie sich zum Beispiel nicht, wie Sie verhindern können, dass Ihr Vierbeiner vor Ihnen wie ein Blitz durch die Tür rennt, wenn Sie diese öffnen, sondern überlegen Sie: „Was kann ich tun, damit er an der Tür auf mich wartet?" Ein kleiner, aber feiner Unterschied im Denken, der Ihnen helfen wird, entsprechende Lösungen zu finden.

Mithilfe der operanten **Konditionierung** wird ein spontan gezeigtes Verhalten durch angenehme oder unangenehme Konsequenzen verändert. Positive Verstärkung eines Verhaltens erhöht die Wahrscheinlichkeit, dass es öfter gezeigt wird.

Mythos Der Alphawurf verschafft Respekt

Nein. Mit dem Alphawurf ist das aktive Herunterdrücken oder gewaltsame Auf-die-Seitelegen des Hundes durch den Menschen gemeint und zwar in Situationen, in denen der Vierbeiner über die Stränge schlägt. Hierbei liegen leider einige Denkfehler vor, etwa folgender: In Wolfsrudeln unterwerfen sich Welpen oder Jungspunde (meist sind diese es) aktiv (!) einem älteren Gruppenmitglied, um diesem zu signalisieren, dass sie die Rüge verstanden haben („Schon gut, schon gut – ich hab's kapiert!"). Zugrunde liegt die Einsicht, dass das soeben gezeigte Verhalten nicht den Gruppenregeln entsprach.

Falsche Schlussfolgerung

Was passiert nun, wenn ein Mensch einen Hund tadeln möchte, indem er ihn unsanft oder sogar gewaltsam auf den Boden drückt? Sie vermuten richtig: Der Hund weiß oftmals gar nicht, wofür er körperlich bedrängt wird. Die Folgen sind nicht selten Angstbeißen, andere distanzschaffende Verhaltensweisen oder Fluchtversuche, welche der Mensch dann als Widersetzlichkeit interpretiert. Ein weiterer Denkfehler liegt im Begriff „Alphawurf" selbst. Denn der Mensch ist nicht der Alpha in der Mensch-Hund-Beziehung, mehr dazu auf Seite 100. Mit dem Alphawurf können wir leider nachhaltig das Vertrauensverhältnis zwischen Mensch und Hund gefährden, vor allem bei sensiblen Hundecharakteren. Die Regeln der Menschenwelt müssen wir ihnen anders beibringen.

Praxis: Wenden Sie den Alphawurf nicht an, denn er zerstört Vertrauen. Respekt verschafft er nicht!

Mythos Hunde regeln alles untereinander

Das lässt sich pauschal nicht mit „Ja“ beantworten. Grundsätzlich sind Hunde wie ihre Ahnen, die Wölfe, sehr soziale Tiere. Ihnen stehen zur Kommunikation untereinander viele Ausdrucksformen und Signale zur Verfügung. Diese machen sie quasi zu Meistern im Konfliktmanagement. Viele Signale, die sie aussenden, nehmen wir gar nicht wahr. Und der Bereich der geruchlichen (olfaktorischen) Kommunikation bleibt uns sowieso weitgehend verschlossen.

Konfliktmanager Hund

Bevor Hunde in eine ernsthafte körperliche Auseinandersetzung gehen, versuchen sie, ihre Konflikte anderweitig zu regeln. So die Theorie. In vielen Fällen gelingt ihnen das auch hervorragend. Aber! Wissen Sie bei allen Hunden, denen Sie beim Spaziergang begegnen, wie sie aufgewachsen sind, welche Vorerfahrungen sie gemacht haben, wie sie sozialisiert wurden? Gehen Sie lieber nicht davon aus, dass Hunde immer alles friedlich untereinander regeln, auch wenn sie meistens gar kein Interesse haben, es zum Äußersten kommen zu lassen.

Praxis: Gerade in Hundeauslaufgebieten kann man zuweilen beobachten, dass unbemerkt von den Hundehaltern ein Konflikt eskaliert. Behalten Sie deshalb Ihren Hund im sozialen Miteinander mit anderen Hunden grundsätzlich im Auge, um ihm notfalls unterstützend zur Seite zu stehen. Das fördert und festigt die Beziehung. Fühlt er sich von einem anderen Hund bedroht oder wird sogar von mehreren gemobbt? Hier ist es an Ihnen, sich wortwörtlich schützend vor Ihren Hund zu stellen.

Mythos Abbruchsignale schaden dem Hund

Nein, nicht prinzipiell, sie müssen aber richtig angewendet werden. So muss das Timing stimmen und vor allem dürfen sie nicht unverhältnismäßig sein. Das heißt, ein Abbruchsignal hat nichts mit Gewaltanwendung zu tun. Es muss der Situation und dem Charakter des Hundes angemessen sein und es darf auch nicht willkürlich oder inflationär zum Einsatz kommen, vielleicht sogar, weil man keine andere Alternative sieht. Abbruchsignale werden unter Hunden und Wölfen übrigens relativ häufig eingesetzt, meist sogar von uns vollkommen unbemerkt. Und sie können sich in ihrer Intensität durchaus steigern sofern der, an den diese gerichtet sind, nicht mit dem aufhört, was den anderen stört. Meist reicht schon ein strenger Blick, ein Naserümpfen oder leises Knurren und man hat verstanden. Erst wenn das nicht der Fall ist, erhält das Anliegen mehr Nachdruck. Als wirklich letzte Warnung wird dann unter Umständen ein körperliches Abbruchsignal eingesetzt. Abbruchsignale dürfen nicht nur die Ranghohen zeigen, sondern auch die Rangniedrigeren. Unter Kaniden kommt es nach dem Aussenden eines Abbruch-

Abbruchssignale sind zum Beispiel eine ausgestreckte Stopp-Hand, ein Ausruf wie „Schluss“ oder ein verbindliches „Na, na!“.

signals meist sogar wieder zu einer unmittelbaren Annäherung der Beteiligten. Von nachtragendem Verhalten keine Spur!

Konfliktbewältigung

Abbruchsignale klären eine Situation sehr effektiv und verhindern sogar, dass ein Konflikt ausufert. Es ist eine Möglichkeit der Konfliktbewältigung. Wir Menschen können uns daran ein Beispiel nehmen. Abbruchsignale dürfen nicht als Strafe oder als Allheilmittel verstanden werden. Sie sollen ein Verhalten in einer konkreten Situation unterbrechen oder beenden. Sie geben dem Miteinander Klarheit und bereinigen Konflikte. Aber sie müssen verhältnismäßig sein, oft reicht eine ganz kleine Geste. Dauerndes Anwenden von Abbruchsignalen allerdings beeinträchtigt die Mensch-Hund-Beziehung nachhaltig, vor allem wenn dem Vierbeiner keine Handlungsalternative aufgezeigt wird. Der Hund kann dadurch unter Dauerstress geraten, zunehmend an Selbstvertrauen verlieren oder sich ängstlich und aggressiv verhalten.
Praxis: Wenn Sie Abbruchsignale nutzen, dann bitte eindeutig und sofort. Seien Sie nicht nachtragend, nach dem Abbruchsignal ist alles wieder gut.

Mythos Hunde brauchen klare Regeln

Ja, und ob! Regeln helfen unseren Hunden, sich in unserer Welt besser zurechtzufinden. Die direkten Vorfahren unserer Hunde, die Wölfe, leben in sozialen Gemeinschaften, die nur funktionieren, wenn von den einzelnen Mitgliedern bestimmte Gruppenregeln eingehalten werden. Denn diese Regeln geben dem einzelnen Mitglied Orientierung. Hat man die Regeln erst einmal verstanden und verinnerlicht, so erübrigen sich nämlich die meisten Auseinandersetzungen. Anstatt sich untereinander aufzureiben, kann man sich dann den wirklich wichtigen Dingen widmen.

Soziale Hinweise

Unsere Hunde sehnen sich geradezu danach, dass wir ihnen in unserer Menschenwelt Orientierung geben und warten oft auf sogenannte „social cues“ (soziale Hinweise) von uns Menschen, leider oft vergeblich. Dabei haben wir doch den Über- und Durchblick. Gelingt es uns allerdings nicht, unseren Hunden klar und deutlich mitzuteilen, was wir von ihnen erwarten oder was wir als sinnvoll für unser Zusammenleben ansehen, so kann es zu Missverständnissen und Ärger kommen: Wir ärgern uns über den Hund, der es einfach nicht besser weiß. Es gibt Regeln, die unbedingt zu befolgen sind (zum Beispiel aus Sicherheitsgründen), andere die flexibler gehandhabt werden können. Aber das entscheidet dann der Mensch und nicht der Hund. Unsicheren Hunden vermitteln Regeln neben einer Orientierung auch zusätzliche Sicherheit.

Regeln sind echte Helfer im sozialen Miteinander, tragen zur allgemeinen Entspannung bei und gestalten das Zusammenleben einfacher. Und sie haben nichts mit Gängeln zu tun, sondern mit Verantwortung gegenüber dem Hund sowie anderen Tieren und Menschen.

Praxis: Wenn Sie beginnen, Regeln einzuführen, so sollten Sie zunächst mit jenen anfangen, die den Vierbeiner wenig stressen oder deren Befolgung ihm nicht zu viel abverlangt. Schön ist es, wenn Sie später diese Regeln gar nicht mehr einfordern müssen, sondern Hundi diese verinnerlicht hat. Welche Regeln in Ihrem Haushalt herrschen, liegt an Ihnen, aber diese Regeln sollten dann konsequent und von allen Familienmitgliedern beachtet werden. Eine Regel mit Sicherheitsaspekt: „Erst, wenn wir es erlauben, darfst du aus dem Auto hüpfen." Differenzierter kann zum Beispiel das Sofagebot umgesetzt werden: Sofaliegen ja, aber nur auf der Hundedecke, wenn man es denn möchte. Aber keine Sorge: Nur weil er erhöht liegt, will er nicht seinen Status erhöhen.

Mythos Maulkörbe stressen Hunde

Nein! Studien konnten das mittlerweile widerlegen. Voraussetzung dafür, dass ein Hund sich mit einem Maulkorb wohlfühlt, ist allerdings eine gute und allmähliche Gewöhnung. Entscheidend sind auch der Sitz des Maulkorbes sowie die uneingeschränkte Möglichkeit, jederzeit damit zu trinken und ausreichend hecheln zu können. Außerdem muss die Gesichtsmimik für andere Hunde gut erkennbar sein. Das trifft eigentlich nur für Gittermaulkörbe zu. Leider fühlen sich Hundehalter, deren Hund einen Maulkorb trägt oder tragen muss, gesellschaftlich stigmatisiert.

Positive Aspekte

Dabei hat das Tragen eines Maulkorbes durchaus positive Aspekte. So konnte nachgewiesen werden, dass Hunde untereinander keinerlei Ressentiments hatten oder irritiert waren und genauso häufig Kontakt zu einem Maulkorbträger aufnahmen wie zu einem ohne. Die Maulkorbträger fühlten sich scheinbar sogar sicherer und zeigten seltener Stresssymptome. Im Vergleich mit häufig leinengeführten Hunden verhielten sich ängstliche Hunde mit Maulkorb im Freilauf sogar wesentlich entspannter.
Praxis: Lassen Sie sich nicht verunsichern: Ein gut sitzender Maulkorb stresst Hunde vermutlich weniger als ständig an der Leine geführt zu werden. Lassen Sie Ihren Hund mit Maulkorb auf jeden Fall Kontakt mit anderen gut sozialisierten Vierbeinern aufnehmen.

Mythos Hunde sollten nicht erhöht liegen

Nein. Hinter dieser häufig zu hörenden Behauptung steht die Vorstellung, dass Hunde im Menschenrudel nach Status streben und dies durch das Aufsuchen erhöhter Liegeplätze ausdrücken würden. Mensch und Hund leben weder in einem hierarchisch organisierten Rudel zusammen (siehe Seite 100) noch sehen Hunde in erhöhten Liegeplätzen ein Statussymbol.

Wenn Hunde gerne erhöhte liegen, dann tun sie das, weil sie von dort eine bessere Übersicht haben, weil der Sessel oder das Sofa einfach bequem ist oder weil sie sich gerne in der Nähe ihres Menschen aufhalten. Hunde, die sich dann auch noch an uns herandrücken, möchten nur eins: Kuscheln. Das hat etwas mit Komfortverhalten zu tun, das genauso zum Wohlbefinden beiträgt wie Essen, Trinken, Laufen etc. Es gibt aber Ausnahmen: Wenn ein Hund partout nicht seinen Platz auf dem Sofa räumen möchte und seinen Menschen dabei sogar anknurrt und die Zähne fletscht. Dann sollte man an der Erziehung arbeiten. Aber nicht, weil es gilt, ein dominantes oder statusbezogenes Verhalten zu unterbinden.

Praxis: Haben Sie Probleme mit Ihrem Sofahund, dann unterbinden Sie bereits den Versuch, aufs Sofa zu springen, und belohnen stattdessen das Verhalten, das Sie sich wünschen. Manche Hundehalter führen ein Erlaubnis-Kommando ein, damit Hundi nicht ungefragt auf Tante Augustes Schoß hopst.

Mythos Vorauslaufende Hunde sind dominant

Nein, das stimmt nicht. Meist wird diese These damit begründet, dass der Leitwolf immer eine Gruppe anführt. Doch so ist es eben nicht. In Wolfsrudeln laufen durchaus einmal die Junghunde voran, weil sie neugierig sind, und die Altwölfe lassen sie relativ oft gewähren. Spätestens, wenn die Altwölfe einen anderen Weg einschlagen, werden sie schon folgen. Es braucht keine fortwährenden Erinnerungen daran, wer letztendlich die Entscheidungen trifft.

Neugierig, übermütig und unerzogen

Voranlaufende Hunde sind deshalb nicht dominant, sondern vielleicht neugierig, übermütig, energiegeladen oder eben auch unerzogen. Natürlich gibt es durchaus Situationen, in denen unsere Neugiernase eben nicht einfach so voranpreschen sollte, zum Beispiel in einer belebten Fußgängerzone, im Wald während der Brut- und Setzzeit oder an einer vielbefahrenen Straße. Da sind dann Ihre Führungsqualitäten und Ihr Verantwortungsbewusstsein gefragt. Aber überall dort, wo es möglich und erlaubt ist, darf der Hund ruhig die Welt erkunden. Vielleicht zunächst noch an der Schleppleine, bis er zuverlässig auf Ihren Rückruf kommt. Ständiges Bei-Fuß-Gehen schränkt unsere Hunde mental und körperlich ein und kann sogar nachteilige gesundheitliche Folgen haben.
Praxis: Erziehen Sie Ihren Hund so, dass er in bestimmten Situationen nicht einfach losläuft. Vereinbaren Sie mit ihm bestimmte Signale für Freilauf, für Lauf an der langen und der kurzen Leine.

Mythos Dominante Hunde preschen durch die Tür

Nein, das stimmt nicht. Hunde, die durch die geöffnete Tür rauschen, wollen ihren Menschen nicht dominieren. Neugier und Unerzogenheit sind vielmehr die häufigsten Ursachen. Vor der Tür aber kann dieses Verhalten sehr gefährlich sein. Deshalb ist es sinnvoll, als Mensch hier regelnd einzugreifen. Auch aus einem anderen Grund kann das Einführen eines Rituals „Geordnetes Verlassen des Hauses" wichtig sein: Um die hundliche Erwartungshaltung in Bahnen zu lenken. Impulskontrolle nennt man das auch. Diese zu erlernen ist bedeutsam, denn das Leben ist eben kein fortwährender „Kindergeburtstag" und abwarten zu können, ist keine schlechte Eigenschaft. **Praxis:** Bringen Sie Ihrem Hund ein Ritual an der Tür bei, aber nicht um seine vermeintlichen Dominanzbestrebungen zu unterbinden. Seien Sie dabei bitte konsequent.

Mythos Bevor der Hund frisst, isst der Mensch

Nein, auch wenn immer wieder empfohlen wird, dass der Hund erst nach den Mahlzeiten seiner Zweibeiner das Fressen bekommen soll. Der Argumentation liegt die Vermutung zugrunde, Leitwölfe würden ihre Beute grundsätzlich immer zuerst fressen und alle anderen Wölfe des Rudels zunächst vertreiben. Jedoch lassen Altwölfe sogar häufig den Welpen den Vortritt, selbst in Notzeiten. Eine Futterrangordnung unter Wölfen gibt es nach neuesten Erkenntnissen gar nicht. Abgesehen davon, dass Leitwölfe sich also ganz anders verhalten als gemeinhin angenommen, gibt es zwischen Mensch und Hund keine Futterkonkurrenz. Insofern schadet es auch nicht Ihrem Ansehen bei Ihrem vierbeinigen Freund, wenn Sie ihm seine Futterschüssel hinstellen, bevor Sie selbst Ihr Essen eingenommen haben. Tatsächlich ein wichtiger Aspekt wäre jedoch der, den Hundi möglichst zu festen Zeiten zu füttern, damit er eine gewisse Orientierung im Tagesverlauf hat. Dabei kommt es aber nicht auf minutengenaues Timing an. Wenn er durch feste Fütterungszeiten und bestimmte Regeln eine Orientierung bekommt, beugt man sogar einer übertriebenen Erwartungshaltung vor. Ob Sie vor ihm oder nach ihm essen, spielt keine Rolle.
Praxis: Sollte Ihr Hund aber nerven und am Tisch betteln, sollten Sie ihm freundlich vermitteln, dass Sie das nicht möchten, zum Beispiel indem Sie ihn auf seinen Platz schicken. Führen Sie ein Ritual (etwa „Sitz!“) ein, bevor Sie die Futterschüssel freigeben, vor allem bei sehr ungeduldigen und futterfixierten Hunden.

Mythos Ignorieren ist das Erziehungsmittel der Wahl

Nicht in jeder Situation. In manchen Situationen kann das Ignorieren sinnvoll sein, in anderen sich aber sogar beziehungsschädigend auswirken. Nervt uns unser Vierbeiner durch aufmerksamkeitsforderndes Verhalten, so kann das Nichteingehen darauf ein probates Mittel sein, damit er sich nicht in seinem Tun bestätigt fühlt. Allerdings gelingt es uns recht selten, wirklich gar nicht darauf zu reagieren: Ein leichtes Stirnrunzeln, ein belustigter oder genervter Blick, ein leiser Seufzer – all das registriert unsere Nervensäge und oft reicht ihm das auch schon als Signal, dass man ihn wahrnimmt. Ein etabliertes Abbruchsignal (siehe Seite 44) kann als Unterbrecher dieser Handlungen effektiver sein. Besonders schwierig wird es bei aggressivem Verhalten, bei dem Ignorieren einerseits helfen kann, aber andererseits vom Hund als Gewährenlassen seitens des Halters missverstanden werden könnte. Kurzfristiges Ignorieren, zum Beispiel als kurze (!) Auszeit, bis sich der Hund beruhigt hat, kann sinnvoll sein.

Längeres Ignorieren ist unsozial

Allerdings stellt längeres Ignorieren, vielleicht sogar über Stunden oder Tage, eine der härtesten Bestrafungen dar, die man einem Hund gegenüber anwenden kann. Denn Hunde sind soziale Tiere und Geselligkeit ist für sie das Lebenselixier schlechthin. Wolfsfamilien regeln ihre Konflikte übrigens grundsätzlich direkt und nicht durch Ignorieren. Das Ignorieren ist kein Allheilmittel, um Konflikte beizulegen.
Praxis: Ignorieren Sie Ihren Vierbeiner nur für Sekunden, bis er sein nerviges Verhalten eingestellt hat. Manchmal sind eben Abbruchsignale oder ein wohlüberlegtes Management im Sinne eines aktiven Umgangs mit der Situation (zum Beispiel das Einüben eines Alternativverhaltens) sinnvoller.

Mythos Welpen dürfen nie alleine gelassen werden

Das stimmt so nicht. Wenn sich der Welpe in seinem neuen zu Hause einige Tage eingewöhnt hat, kann durchaus schon damit begonnen werden, ihm vorsichtig begreiflich zu machen, dass der Mensch nicht ständig und immer verfügbar ist. Warum das? Neben dem praktischen Grund, dass wir auch ein Leben neben dem Welpen haben und immer wieder einmal außer Haus unterwegs sind, so muss der kleine Tausendsassa zudem lernen, dass er nicht der Mittelpunkt des Universums ist. Je früher er lernt, einmal allein zu sein und damit ein wenig Frust zu ertragen, desto besser kommt er im späteren Leben damit zurecht. Und er erlernt das Abwarten. Kurze Phasen, in denen er für sich sein kann, geben ihm darüber hinaus die Chance, das vorher Erlebte zu verarbeiten.

Wussten Sie, dass eine sichere Bindung zum Menschen die beste Voraussetzung dafür ist, dass ein Vierbeiner nicht sehr unter Trennungsangst leidet? Mehr dazu im Mythos „Eine zu enge Bindung fördert Trennungsängste", Seite 116. Gerade Hunde, die überbehütet und extrem vermenschlicht werden, leiden mitunter sehr darunter. Trotzdem: Hunde dürfen als soziale Tiere nie übermäßig lange allein gelassen werden.

Praxis: Trainieren Sie mit Ihrem Welpen und Junghund das Alleinbleiben in ganz kleinen Schritten, aber tun Sie es! Zunächst wenden Sie sich einfach einmal einige Augenblicke von ihm ab, sodass er es gar nicht zur Kenntnis nimmt, dann schließen Sie die Tür für wenige Sekunden und steigern langsam, ganz langsam die Dauer des Wegbleibens. Ein gemütlicher Liegeplatz hilft dabei und wenn der Kleine ohnehin müde ist, klappt es bestimmt. Belohnen Sie Winseln oder Jammern nicht, indem Sie aufgeregt zurückkehren und ihn trösten.

Mythos Hunde benötigen immer Action

Nein. Manchmal ist vielmehr genau das Gegenteil zutreffend. Es stimmt, dass unterforderte Hunde nicht selten nervös und unausgeglichen sind. Damit zeigen sie, dass sie sich nicht wohlfühlen. Hunde, die täglich körperliche Höchstleistungen erbringen müssen und zu viele Sinneseindrücke zu bewältigen haben, können aber ebenfalls Stresssymptome zeigen.

Statt sie mehr zu fordern, ist hier durchaus ein Weniger hilfreich. Denn schließlich müssen Hunde das Erlebte auch geistig verarbeiten und benötigen Regenerationsphasen, genau wie wir Menschen. Wölfe verschlafen zum Beispiel ungefähr zwei Drittel ihres Lebens. Welpen und Junghunde sind noch voller Tatendrang. Und ähnlich wie Kleinkinder sind sie nicht immer dazu zu bringen, einmal eine Pause einzulegen. Dafür können Sie mithilfe eines Ruherituals sorgen. Hunde, die ständig hochgepowert werden, haben nachweislich einen hohen Anteil an Stresshormonen im Blut, die sogar in Zeiten der Entspannung vorhanden sein können: Anzeichen von Überforderung! Chronischer Stress kann auch sie krank machen. Stressmildernd und beziehungsfördernd wirkt sich übrigens echtes Spiel mit dem Menschen aus (siehe auch Seite 20).

Praxis: Überprüfen Sie, ob Sie nicht manchmal Ihrem Hund zu viel bieten und reduzieren Sie gegebenenfalls Ihre Aktivitäten. Achten Sie dabei zudem auf die Grundpersönlichkeit, Gesundheitszustand und Rassezugehörigkeit Ihres Hundes.

Mythos Hunde sollten nicht in der Stadt leben

..., denn das sei nicht artgerecht. Das ist ein Argument, das so pauschal formuliert, nicht zutreffend ist. Vor allem sollte man sich vor Augen führen, dass Hunde gerne mit uns Menschen zusammenleben. Sicherlich bietet eine Großstadt auf den ersten Blick nicht die ideale Umgebung für Hunde und die Hundehaltung bringt unter Umständen Konflikte und Schwierigkeiten mit sich. So ist die Rücksichtnahme auf die Bedürfnisse der Mitmenschen das A und O. Ein netter, umsichtiger und verantwortungsvoller Hundehalter hat es in der Stadt prinzipiell nicht schwerer als auf dem Land. Außerdem kommt es darauf an, wie man das gemeinsame Leben gestaltet.

Grundbedürfnisse beachten

Natürlich ist es unabdingbar, sich vor der Anschaffung eines Hundes Gedanken über die hundlichen Bedürfnisse machen. Neben den Grundbedürfnissen, siehe Kasten, reichlich Auslauf sowie medizinischer Versorgung sind das zudem auch der Kontakt zu Menschen und Artgenossen, die regelmäßige Gelegenheit zu Ausflügen in die Natur, geistige Beschäftigung und ein ungestörter Ruhe- und Schlafplatz. Wurde ein Hund von Anfang an gut sozialisiert und behutsam mit dem Stadtleben vertraut gemacht, so kann er in der Stadt sehr wohl glücklich sein. Manchmal braucht es jedoch seitens des Hundehalters

einiges an Phantasie und Organisationstalent. Hin und wieder sind auch Einschränkungen zugunsten des Hundes und vielleicht sogar eine Umorganisation des Alltags notwendig. Gerade ältere Menschen können übrigens enorm von der Gesellschaft eines Hundes profitieren, da sie mit den Gassigängen aus der Isolation und städtischen Anonymität herausgeholt werden. Außerdem erhält ihr Tagesablauf durch die hundlichen Bedürfnisse eine gewisse Struktur.

Praxis: Gewöhnen Sie Ihren Vierbeiner schon im Welpenalter an den städtischen Alltag. Überfordern Sie ihn dabei bitte nicht. Geben Sie ihm Gelegenheit, immer wieder ganz Hund sein zu können. Vermitteln Sie ihm wichtige Regeln, zum Beispiel die, dass er Menschen nicht einfach anspringen darf. In vielen Städten gibt es abwechslungsreiche Angebote für Hund und Mensch. Gemeinsame Spaziergänge und Ausflüge lassen sich auch über soziale Netzwerke arrangieren. Über die vorhandenen Hundeauslaufgebiete informieren die Verwaltungen. Achten Sie aber beim Zusammentreffen der Hunde immer darauf, was sie anstellen und stehen Sie Ihrem Vierbeiner unbedingt bei, wenn Sie den Eindruck haben, dass er sich hilflos fühlt, weil andere Hunde ihn zu sehr ärgern.

Zu den **Grundbedürfnissen** des Hundes gehören nicht nur Essen, Trinken, genügend Schlaf, geistige Beschäftigung sowie Bewegung, sondern auch Sozialkontakte zu Menschen und anderen Hunden.

Wie Hunde kommunizieren

Was ist überhaupt Kommunikation? Kommunikation findet eigentlich ständig statt. Nicht nur unsere Hunde, sondern wir tun das ebenfalls und zwar meist sogar unbewusst. Es gibt die verbale (Sprache) und die nonverbale (Gesten, Mimik etc.) Kommunikation. Erstere gibt es bei Tieren eher seltener, dafür bei uns Menschen umso mehr und nicht nur mittels des gesprochenen, sondern auch des geschriebenen Wortes (zum Beispiel in sozialen Netzwerken). Kommunikation ist soziale Interaktion, das heißt, es gibt einen Sender der Informationen und einen Empfänger. Und das Ziel der Kommunikation ist Verständigung. Bei Tieren kann man beispielsweise nur dadurch erkennen, dass es zu einer Verständigung gekommen ist, wenn einer oder beide oder mehrere beteiligte Tiere ihr Verhalten ändern.

Kommunikationssignale

Tiere benutzen zur Verständigung verschiedene Kommunikationssignale, die verschiedenen Sinnesorganen zugeordnet werden können:

- Olfaktorische, geruchliche Kommunikationssignale: mittels der Duftdrüsen, des Urins
- Visuelle Kommunikationssignale: Schwanzhaltung, allgemeine Körperhaltung, Ohrstellung, Gesichtsmimik, Gesten, Blick etc.
- Akustische Kommunikationssignale: Bellen, Knurren, Grummeln etc.
- Taktile Kommunikationssignale: gegenseitige Berührungen, z.B. Schnauzenzärtlichkeiten

Voraussetzung dafür, dass diese Signale verstanden werden ist, dass man sie kennt. Hunde, die als Welpen viel Kontakt mit anderen Welpen und erwachsenen Hunden hatten, sind ziemlich gut im Lesen dieser Signale. Manche Hunde können aufgrund ihres Aussehens nur auf ein begrenztes Repertoire von Signalen zurückgreifen, etwa weil sie einen Ringelschwanz oder Fellbüschel über den Augen haben. Das kann dann zu Missverständnissen führen, weil nicht klar ist, was sie dem anderen mitteilen möchten. Meistens werden die verschiedenen Signale kombiniert, wodurch sich erst der Gesamtausdruck ergibt. Zudem sind die Nuancen oft sehr fein. Zum Beispiel kann die veränderte Ohrstellung ausdrücken, ob der Hund sich sicher oder unsicher fühlt. Auch die Situation, in der Kommuniziert wird, spielt eine Rolle. So kann ein Gähnen einfach nur Müdigkeit ausdrücken, aber zugleich Überforderung oder ein Beschwichtigungssignal darstellen.

Hundekommunikation ist so spannend und es macht Spaß, unseren Vierbeinern dabei zuzusehen. Machen Sie daraus ein Hobby und beobachten Sie Hunde beim gemeinsamen Spiel und bei jeglichen Interaktionen so oft es geht. Sie werden erstaunt sein, wie sie Konflikte untereinander regeln, wie wichtig bestimmte Signale (etwa der Urin) für sie sind.

Mythos Eine Erziehung mit Leckerchen ist nicht nachhaltig

Stimmt nicht und stimmt irgendwie doch ... Es gibt kaum ein Thema in der Hundeerziehung, das so kontrovers diskutiert wird wie die Frage, ob Leckerchengaben bei der Erziehung sinnvoll sind oder nicht.

Entscheidungshilfen

Was spricht nun für und was gegen die „Leckerli-Erziehung"? Grundsätzlich sind Leckerchen gut geeignet, um Handlungen wie etwa Tricks einzuüben oder dem jungen Vierbeiner Grundkommandos („Sitz!", „Platz!" etc.) beizubringen. Bei sehr ängstlichen, menschenscheuen Tieren können sie als Brücke zur Kontaktaufnahme funktionieren. Bei vielen alltäglichen Situationen muss man jedoch vorsichtig sein, um nicht unbeabsichtigt bestimmte Handlungsketten zu konditionieren. So kann es passieren, dass ein Hund nicht versteht, dass er für das Abstellen eines unerwünschten Verhaltens belohnt wird. Stattdessen nimmt er an, er erhalte die Futterbelohnung erst dann, wenn er vorher genau das Verhalten zeigt, was wir letztlich unterbinden möchten. Oftmals belohnt man durch ungenaues Timing unbeabsichtigt ein Verhalten, das parallel zu dem gezeigt wird, das wir eigentlich verstärken möchten (Fehlverknüpfung). Zur Beruhigung oder zur Herstellung einer guten Bindung zum Menschen ist es laut der Meinung vieler Experten ebenfalls nicht optimal. Hier werden soziale Aktivitäten, Zuneigung oder situative Unterstützung empfohlen. Um Konflikte zu bewältigen, sind Futtergaben außerdem weniger zielführend als ein aktives Management (siehe dazu Seite 103).
Praxis: Überlegen Sie genau, wann und wofür Sie Leckerchen einsetzen. Belohnen Sie Ihren vierbeinigen Freund öfter einmal durch ein freundliches Wort, mit einer Kuschelrunde oder einem gemeinsamen Spiel.

Mythos Hündinnen sind leichter zu erziehen als Rüden

Nein, nicht unbedingt. Ersthundehaltern wird häufig geraten, sich eine Hündin anzuschaffen, da weibliche Hunde leichter zu erziehen und insgesamt anhänglicher seien.

Aus dem Alltag

Dass dem nicht grundsätzlich so sein muss, davon kann manch Hündinnenbesitzer berichten. Denn auch bei den weiblichen Vierbeinern gibt es Verhaltenstendenzen, die schwierig zu handeln sein können: So neigen einige Hündinnen eher dazu, gegenüber weiblichen Artgenossen eine gewisse Unleidlichkeit an den Tag zu legen, was vermutlich auf die bei ihnen stärker ausgeprägte Wettbewerbsaggression zurückzuführen ist. Während ihrer Läufigkeit verändern manche Hündinnen ihr Verhalten deutlich und schalten in Erziehungsangelegenheiten gerne auf Durchzug. Das tun allerdings viele Rüden auch, in deren Nähe ein läufiges Hundemädel lebt. Wolfsforscher beobachteten, dass männliche Wölfe insgesamt sogar mehr auf den Zusammenhalt innerhalb des Rudels bedacht waren als Wölfinnen. Unterschiede in der Trainierbarkeit allerdings sind vermutlich eher auf individuelle Persönlichkeits- und/oder Rasseunterschiede zurückzuführen. Vielleicht ist mancher Hundehalter außerdem bemühter, einen Rüden konsequenter zu erziehen, eben weil landläufig angenommen wird, dass männliche Hunde schwerer zu erziehen seien und bei Hündinnen schon einmal fünf gerade sein gelassen werden könnte.
Praxis: Achten Sie bei der Erziehung mehr auf den Charakter Ihres Hundes und seine allgemeine Persönlichkeit sowie auf rassetypische Verhaltensweisen. Seien Sie möglichst konsequent und verbindlich, egal, ob es sich um eine Hündin oder einen Rüden handelt.

Mythos Einen unerzogenen Hund erzieht der Zweithund

Nein. Wenn das so einfach wäre ..., ist es aber nicht. Die Erziehungsarbeit an einen anderen Hund abzugeben, ist keine gute Idee. Meist schaut sich der Neuankömmling eher noch das Verhalten des etablierten (unerzogenen) Hundes ab, als umgekehrt. Folglich hätte man schnell zwei Hunde, die über Tische und Bänke gehen.

Bevor man einen zweiten Hund ins Haus aufnimmt, sollte der Ersthund nicht nur erzogen, sondern vor allem gut mit anderen Hunden sozialisiert (siehe Kasten Seite 11) sein. Selbst dann erfordert das dennoch mitunter viel Fingerspitzengefühl.

Positiv für Welpen

Ein Welpe kann allerdings von einem erfahrenen Hund sehr profitieren. Aber auch hierbei ist es eine Frage der Passung und zudem der körperlichen Fitness des Althundes. Dessen Grundlektionen zum Thema Hundekommunikation ersetzen dennoch nicht Ihr ganz persönliches Training mit dem Welpen.
Praxis: Nehmen Sie also einen weiteren Hund erst dann in Ihrem Zuhause auf, wenn der Ersthund die Grundlagen der Erziehung verstanden hat und er sich mit Ihnen und Sie sich mit ihm im wahrsten Wortsinn gut verstehen. Welche Konstellation Sie bezüglich Alter und Geschlecht wählen, hängt ganz entscheidend von den Vorlieben Ihres Hundes, seiner Persönlichkeit sowie Ihrer Lebens- und Wohnsituation ab.

Mythos Spaziergänge sind für Hunde langweilig

Ganz und gar nicht, wenn wir nicht tagein, tagaus die gleiche Runde laufen. Frei lebende Wölfe sind oftmals ohne besondere Absicht gemeinsam unterwegs und erkunden ihre Umwelt. Sie machen sich dabei schlau, welche anderen Tiere und fremden Wölfe in ihrem Streifgebiet unterwegs sind und was sonst so in ihrem Revier los ist.

Was macht ein Hund beim Spazierengehen?

Hunde lieben ausgedehnte, entspannte Spaziergänge, bei denen sie eigentlich ähnliches wie ihre wölfischen Verwandten tun: Sie schnüffeln, ob sie bekannte oder unbekannte Urinmarkierungen finden, suchen nach den Spuren von Wildtieren (auch in der Stadt), beobachten gerne das Treiben um sie herum, freuen sich, einen Hundekumpel zu treffen oder freundliche Menschen. Das tut Körper und Geist gut, weil es anregend ist. Spaziergehzeit ist wertvolle gemeinsame Zeit und sie trägt entscheidend zu einer guten Bindung zwischen Mensch und Hund bei.
Praxis: Nicht immer müssen wir unsere Vierbeiner zusätzlich mit Schnüffelspielen oder sportlichen Aktivitäten bei Laune halten. Auch fortwährende Kommandos müssen dabei nicht sein, sofern sie nicht notwendig sind wie zum Beispiel das „Sitz!“ an einer Straßenkreuzung. Wichtig sind vor allem das regelmäßige Hinausgehen und die Auswahl einer abwechslungsreichen Spazierroute. Monotone Wegstrecken und gelangweilte, telefonierende Hundebesitzer stehen allerdings nicht gerade ganz oben auf ihrem Wunschzettel. Gesten, die Vertrautheit ausdrücken und gemeinsame Freude an Naturbeobachtungen dafür umso mehr.

Mythos Hunde müssen immer auf der linken Seite laufen

Nein, zumindest nicht im Alltag. Diese Regel stammt aus der Zeit, als Hunde vor allem als Jagdbegleiter oder Diensthunde gehalten wurden. Um die rechte Hand – die meisten Menschen waren und sind Rechtshänder – frei zu haben, zum Beispiel um eine Schusswaffe zu bedienen, hielt man den Hund auf der linken Seite. Auch beim Kommando „Fuß!", das in Hundeschulen gelehrt wird, soll der Hund meist auf der linken Seite seines Besitzers oder des Ausbilders laufen. Heute wird das zum Teil bei verschiedenen Prüfungen nicht mehr unbedingt verlangt.

Alltagsbezug

Für den Alltag empfiehlt es sich, beide Varianten zu üben – vielleicht mit zwei unterschiedlichen Kommandos, damit der Hund gleich unterscheiden kann, auf welcher Seite er gehen soll. So lernt er, auf Sie zu achten und ist Ihnen sicher manchmal auch sehr dankbar für Ihren Weitblick, ihn nicht unmittelbar mit dem zu konfrontieren, was ihn verunsichert oder verängstigt. Denn in erster Linie sollte seine Sicherheit bedacht werden.

Praxis: Nehmen Sie im Alltag Ihren Hund auf die Seite, die im dem Moment die sicherste ist: Einen Hund etwa an einer stark befahrenen Straße auf der dem Verkehr zugewandten Seite zu führen, kann gefährlich werden. Ordern Sie ihn bei herannahenden Skateboards oder Rollerbladern im Park ebenfalls lieber auf die sichere Seite. Um Konflikte zu vermeiden, führen Sie Ihren vierbeinigen Freund bitte nicht direkt an Kleinkindern vorbei.

Mythos Hunde, die Menschen anspringen, sind dominant

Nein. Das Anspringen von Menschen ist keine Dominanzgeste, sondern das genaue Gegenteil: Es ist eigentlich eine Unterwerfungsgeste. Wolfswelpen springen ihre Elterntiere an, betteln unterwürfig nach Futter, wenn diese zurück zur Wolfsfamilie kommen. Auch wenn es oft lästig ist, so ist das Hopsen um den Menschen, das mehr oder weniger vehemente Anspringen doch zunächst eine freundliche Geste.

Viele Gründe

Die Gründe, warum Hunde Menschen im Alltag anspringen, sind vielfältig: Übermut, Aufmerksamkeit einfordern, Überforderung oder Unerzogenheit. Hundewelpen tun das, was ihre wild lebenden Verwandten auch tun. Und wenn wir Menschen es ihnen nicht abgewöhnen, weil es so niedlich ist, dann werden sie dieses Verhalten als Halbstarke oder erwachsene 60-Kilohunde weiterhin tun. Das Anspringen sollte dem Vierbeiner mit Geduld und Konsequenz abgewöhnt werden.
Praxis: Das häufig empfohlene Wegstoßen oder Herunterdrücken verstehen manche Hunde falsch und geben sich noch unterwürfiger, springen und hopsen also noch heftiger. Ignorieren (den Hund nicht anfassen, ansprechen, anschauen) ist eine Möglichkeit, das Verhalten zu unterbinden. Gleichzeitig belohnen Sie ein alternatives Verhalten (zum Beispiel „Sitz!“). Begrüßt wird erst, wenn alle vier Pfoten den Boden berühren. Vereinbaren Sie eine neue Form der Begrüßung. Je nach Persönlichkeit, beispielsweise bei sehr ungeduldigen, fordernden Hunden, kann es zudem eine ganze Weile dauern, bis sich der Vierbeiner dieses Verhalten abgewöhnt.

Die Welt des Hundes

Hunde sind uns so nah und doch so fern, was ihre Gefühle, Gedanken und Sinnesleistungen angeht. Wo sind sie uns ähnlich, wo gibt es Unterschiede? Wenn wir das wissen, verstehen wir sie besser.

Mythos Hunde fühlen genauso wie Menschen

Vermutlich ja, wenn auch mit einigen Einschränkungen. Bereits 1872 veröffentlichte der britische Naturforscher Charles Darwin das Buch „The expression of the emotions in man and animals“ („Der Ausdruck der Gemütsbewegungen bei dem Menschen und den Tieren“). Er sah viele Parallelen zwischen Mensch und Tier und war überzeugt, dass Emotionen grundsätzlich nicht nur dem Menschen eigen seien. Doch er blieb lange Zeit alleine mit dieser Ansicht. Erst heute billigen (die meisten) Forscher Tieren, vor allem Säugetieren, Emotionen zu.

Evolutionäre Emotionsforschung

Die menschlichen Gefühle, so argumentiert die evolutionäre Emotionsforschung, unterliegen genauso der Evolution wie Verhaltensweisen. Alle Säugetiere, also auch wir

Menschen, besitzen ein ganz ähnlich aufgebautes Gehirn und Nervensystem und daher gibt es in gleicher Weise Übereinstimmungen hinsichtlich der Gefühlswelt. Belegbar ist, dass viele Tiere – nicht nur Säugetiere – die sogenannten Basisemotionen besitzen wie beispielsweise Angst, Furcht und Freude. Bei komplizierteren Gefühlen wie Eifersucht, Neid, Schuldgefühl oder Stolz, den sekundären oder erworbenen Emotionen, weiß man das nicht so genau. Viele dieser Gefühle werden zum Teil noch heute als rein menschlich angesehen. Auch wenn wir Hundehalter zuweilen noch so sehr davon überzeugt sind, so gibt es für manches Gefühl derzeit keine eindeutigen wissenschaftlichen Belege – was nicht heißt, dass unsere Tiere diese Gefühle nicht trotzdem haben. Es ist durchaus positiv, ihnen die gleichen Gefühle zuzuschreiben, die auch wir empfinden. Dennoch sollten wir aufpassen, unsere Vierbeiner nicht zu vermenschlichen. Fehlinterpretationen ihrer Gefühlswelt können leider zu ungerechter Behandlung führen (siehe zum Beispiel Seite 78).

Biologische Funktion

Emotionen haben übrigens eine biologisch wichtige Funktion: Sie entstehen oft als Reaktion auf äußere Reize und stellen eine schnelle und passende Antwort auf die Umwelt dar. Emotionen können sich verändern, wenn Erfahrungen mit einfließen, zum Beispiel können sie sich verstärken oder abschwächen. So kann sich ursprüngliche Angst bei entsprechenden positiven Erfahrungen in Neugier umwandeln. Emotionen haben also einen deutlichen Handlungsbezug und fungieren als Frühwarnsysteme. Und sie sind im sozialen Miteinander äußerst wichtig.
Praxis: Hunde zeigen sehr spontan und unverblümt, wie es ihnen geht. Achten Sie in dieser Hinsicht in Zukunft genauer auf sie. Das kann Ihnen helfen, ihr Verhalten leichter einzuschätzen und ihnen eher unterstützend zur Seite zu stehen, wenn es notwendig ist.

Mythos Hunde empfinden Freude

Na klar! Jeder Hundehalter ist sich sicher: Der so eifrig mit der Rute wedelnde Hund freut sich, wenn Frauchen oder Herrchen nach Hause kommt. Oder wenn er seinen Hundekumpel trifft, mit dem er schon so manches Laufspiel gespielt und so manches Abenteuer erlebt hat. Können unsere Vierbeiner aber auch albern und zu Blödsinn aufgelegt sein?

Gute Gefühle

Während wir uns über negative Gefühle und Verhaltensauffälligkeiten unserer Hunde reichlich Gedanken machen, haben wir die guten Gefühle gar nicht so sehr auf dem Schirm: Dabei sind sie es, die uns das Leben lebenswert machen. Ja, wenn man etwas mit Freude tut, dann gelingt es meist leichter. Arbeiten, bei denen wir Freude empfinden, gehen uns gleich viel besser von der Hand. Wie ist das bei unseren Hunden? Dass sie sich in bestimmten Situationen wie verrückt freuen, das ist klar. Da liegt es doch nahe, dass sie beispielsweise auch viel schneller lernen, wenn sie Spaß beim Ausführen von Aufgaben haben. Das gute Gefühl, das sie in jenem Moment haben, ist nämlich ein wirksamer Handlungsverstärker. Denn, wenn wir etwas erleben, das uns Freude bereitet, dann wollen wir doch dieses Gefühl immer wieder erleben. Warum sollte das bei unseren Hunden anders sein?

Optimistische und pessimistische Hunde

Vor einigen Jahren fand der Forscher Michael Mendl heraus, dass es optimistische und pessimistische Hunde gibt. Mit Trennungssituationen kamen jene Vierbeiner besser zurecht, die auch sonst eher positiver gestimmt waren. Sie waren sicher, dass ihre Bezugsperson zurückkehren würde. So sind gute Gefühle eine Art Kit, der die

Mitglieder einer Gruppe zusammenschweißt. Gemeinsam erlebter Spaß und geteilte Freude lassen Lebewesen enger zusammenrücken. Man weiß, dass man sich aufeinander verlassen kann.

Humor, Täuschen und Tricksen

Albernheiten und komisches Gebaren kennen viele Hundehalter ebenfalls von ihren Vierbeinern. Bei Primaten kann man Foppen, Täuschen und Sich-lustig-machen über andere beobachten. Selbst Rabenvögel treiben Schabernack, sogar mit anderen Tierarten oder dem Menschen. Überraschende Einfälle haben unsere Hunde jedenfalls häufiger, oder nicht?

Praxis: Lassen Sie sich ruhig einmal auf die Albernheiten Ihres Hundes ein. Das das Anstupsen Ihrer Hand während eines Spaziergangs dürfen Sie ruhig als freundliche Kontaktaufnahme verstehen. Freuen Sie sich, wenn Ihr Hund seine Freude mit Ihnen teilen möchte. Hund-Mensch-Teams, die gemeinsam Spaß haben, erleben eine viel innigere Beziehung, weil sie miteinander harmonieren, und haben es auch oft im Alltag leichter.

Mythos Hunde können nicht lachen

Doch ... Vermutlich gibt es Lautäußerungen, die unserem herzhaften Lachen ähnlich sind. Lachen tut gut, Lachen heilt, es lindert Schmerzen und kann das Immunsystem stärken, es befreit. So ist es bei uns Menschen. Nach einem richtigen Lachanfall geht es uns extrem gut. Das liegt an körpereigenen Botenstoffen, die dabei ausgeschüttet werden. Menschenkinder beginnen ab ca. 4 Monaten zu lachen, nicht selten, wenn sie von ihren Eltern gekitzelt werden. Die Nervenbahnen für das Lachen sind in einer sehr alten Gehirnregion angelegt, daher könnten Tiere sie ebenfalls besitzen. Und in der Tat: Ratten sind kitzelig und stoßen dabei zirpende Laute aus. Wissenschaftler vermuten, dass diese Laute mit unserem Lachen vergleichbar sind. Ratten, die viel lachten, waren sogar mutiger und liebten Überraschungsmomente.

Kichernde Hunde?

Kennen Sie nicht auch bestimmte Laute, die ihr Hund von sich gibt, während er mit Ihnen auf dem Rasen herumtollt? Könnte das Lachen sein? Eher an Knurren erinnernde Laute (siehe Seite 34) könnten im Spielzusammenhang ebenfalls mit unserem Lachen vergleichbar sein. Diese Laute spiegeln mit Sicherheit Freude wider und sie wirken zudem als Signal an die Mitspieler: Hier wird gespielt und alles ist entspannt. Hunde können auch lächeln, mehr dazu Seite 23.

Praxis: Kitzeln Sie Ihren Hund einmal am Bauch, machen Sie alberne Spiele mit ihm (es muss ja niemand dabei zusehen). Wie reagiert Ihr Hund, welche Laute gibt er dabei von sich? Sie werden ihn von einer ganz neuen Seite kennenlernen.

Mythos Hunde können neidisch sein

Ja, stimmt. Unsere Vierbeiner haben sogar feine Antennen für Ungerechtigkeiten, das konnten Forscher inzwischen feststellen: So verweigerten Hunde nach einiger Zeit das Pfötchengeben oder taten es nur widerwillig, wenn regelmäßig ein anderer Hund für die gleiche Aufgabe mit einem Leckerchen belohnt wurde, er selbst aber leer ausging. Der nicht belohnte Hund zeigte sogar eindeutige Stresssymptome wie beispielsweise Maullecken und Kratzen. Wurde der nicht-belohnte Hund aber einzeln, ohne dass ein anderer Hund anwesend war, zum Pfötchengeben aufgefordert, klappte die Ausführung sogar ohne Futterbelohnung. Auch wenn also die ungerechte Behandlung registriert wurde, so lag der Unterschied wohl weniger in der Futterbelohnung selbst als in der generellen Aufmerksamkeit des Besitzers. Denn es war nicht so wichtig, welches Leckerchen im Spiel war. Selbst wenn er ein weniger hochwertiges, der andere Hund ein Superleckerchen bekam, führte er das Pfötchengeben ohne Murren aus. Das können Primaten besser: Ihnen ist es nicht egal, welche Belohnung sie und der andere Affe erhalten. Unseren Hunden scheint es also nicht nur um die Belohnung, sondern vor allem um die Aufmerksamkeit des Menschen zu gehen.

Praxis: Nicht nur um Futterneid zu vermeiden, sollten Sie fremden Hunden im Beisein Ihres eigenen Vierbeiners, kein Leckerchen geben. Haben Sie zwei oder mehr Hunde zu Hause, dann beobachten Sie genau, wie die einzelnen Tiere sich verhalten, wenn Sie sich mal mit dem einen oder dem anderen länger beschäftigen.

Mythos Hunde empfinden Eifersucht

Ja, aber nicht immer ist es so, wie es scheint. Ein hoher Prozentsatz der Hundehalter (über 80 %), die in einer englischen Studie von 2008 befragt wurden, hat das Phänomen Eifersucht schon beobachtet. Die Befragten gaben an, dass der eigene Hund fast zu gleichen Teilen auf Menschen (50 %) und Artgenossen (45 %) eifersüchtig war. Was aber ist eigentlich Eifersucht? Eifersucht ist ein Gefühl, das im Zusammenhang mit einer wichtigen Bezugsperson entsteht. Dringt jemand Drittes in diese soziale Beziehung ein und wird mit mehr Zuneigung oder Zuwendung bedacht, kommt es zu einem Gefühl, das man Eifersucht nennt. Da Hunde in sozialen Gemeinschaften leben, ist es nicht abwegig, ihnen prinzipiell dieses Gefühl zuzugestehen. Hinter der Eifersucht verbergen sich tiefe Verlustängste und möglicherweise ein geringeres Selbstwertgefühl. Bei unseren Hunden, aber auch bei anderen Säugetieren, besteht beim Eindringen eines Dritten – einer Person oder eines anderen Hundes – durchaus die Gefahr, wichtige Ressourcen (Sicherheit, emotionale Zuwendung, Futter) zu verlieren.

Aktuelle Studie belegt Eifersucht

Eine ganz aktuelle Studie deckte auf, dass Hunde selbst bei einer Hundeattrappe mit Unmutsbekundungen reagierten, wenn ihr Besitzer sich mit dieser ausgiebiger beschäftigte. Der eigene, links liegen gelassene Hund, reagierte darauf mit Anstupsen oder Schubsen seines Menschen oder (seltener) mit Drängeln zwischen Besitzer und Attrappe. Außerdem gab es einige Hunde, die sogar versuchten, den vermeintlichen Artgenossen anzugreifen. Die Forscher schlossen aus diesem Verhalten, dass die Eifersucht vermutlich ein sehr grundsätzliches Gefühl ist. Das Dazwischendrängeln kann darüber hinaus als Versuch gewertet werden, die Situation selbstständig zu beeinflussen, indem der Vierbeiner den Rivalen dazu bringen möchte, von seinem Menschen fern zu bleiben oder durch direkten Angriff gleich ganz zu vertreiben. Dass Hunde Verlustängste haben und vermutlich auch ein Gefühl der Eifersucht kennen, konnten diese Studien bestätigen.
Praxis: In den bekannten alltäglichen Situationen, in denen unser Vierbeiner aufgeregt herumhopst, bellt und jault, während wir uns mit einem anderen Menschen oder Hund befassen, geht es also nicht nur darum, unsere Aufmerksamkeit zu bekommen. Auch wenn unsere Vierbeiner also tatsächlich Eifersucht empfinden, sollten wir ihnen dennoch vermitteln, dass sie nicht der Mittelpunkt des Universums sind. Wenn sie unserer Zuneigung sicher sind, wird es ihnen nicht schwer fallen, das zu akzeptieren (zur Mensch-Hund-Beziehung siehe Seite 110).

Mythos Hunde können trauern

Ja, allerdings! Hundehalter beobachten in Situationen regelmäßig deutliche Verhaltensänderungen an ihrem Vierbeiner, in denen wir ebenfalls Trauer verspüren. Zum Beispiel wenn ein langjähriger Hundekumpel verstorben ist. Manche Hunde stellen das Fressen ein, werden unruhig oder schlafen sehr viel. Was ist die Ursache für diese offensichtliche Verhaltensänderung?

Auch Wölfe trauern

Bei frei lebenden Wölfen und verwilderten Haushunden konnten Forscher beobachten, dass die Muttertiere ihre verstorbenen Jungen beerdigten. Außerdem ist überliefert, dass Wölfe um ein verstorbenes Familienmitglied ein gemeinsames Heulen anstimmten. Ist das nur ein instinktives Verhalten? Wenn wir davon ausgehen, dass Hunde glücklich sind und sich freuen können, müssten wir ihnen dann nicht auch zugestehen, dass sie traurig sind? Marc Bekoffs Hauptargument für eine solche Schlussfolgerung ist die Annahme einer evolutionären Kontinuität. Das heißt: Gefühle, die wir Menschen empfinden, fallen nicht einfach vom Himmel, sondern haben ihre Vorstufen bei den Tieren. Man nimmt ferner an, dass Hunde so etwas wie Freundschaft empfinden können. Gut möglich, dass unsere Hunde also trauern, wenn ein ihnen nahestehendes Lebewesen plötzlich nicht mehr da ist. Das kann ein anderer Hund oder auch ein Mensch sein. Je nach Persönlichkeit geht vermutlich jeder Hund ein wenig anders mit einer solchen Situation um (siehe auch Seite 24).
Praxis: Wir machen jedenfalls nichts verkehrt, wenn wir ihnen dieses Gefühl zugestehen und uns entsprechend um sie kümmern, etwa indem wir sie von ihrem Schmerz mit langen Spaziergängen ablenken.

Mythos Hunde darf man nicht trösten

Ja und nein. Da Hunde ähnlich empfinden wie wir, neigen wir dazu, uns ihnen gegenüber so zu verhalten, als seien sie Menschen. Diese Vermenschlichung ist durchaus nachvollziehbar, aber nicht immer hilfreich, um dem Vierbeiner zu helfen, mit der aktuellen Situation klarzukommen und aus dieser zu lernen. Manchmal benötigt unser Vierbeiner nach einem Schreck Ermutigung, einfach noch einmal genauer nachzuschauen. Ein anderes Mal kann ihn Streicheln gefühlsmäßig wieder auf die Spur bringen. Wie wir reagieren, beeinflusst eventuell sein späteres Verhalten in ähnlichen Situationen nachhaltig. Messen wir einem kleinen Erschrecken zu viel Bedeutung bei, kann tatsächlich aus einer Mücke ein Elefant werden: Meideverhalten oder Angriff werden für ihn zu Lösungsstrategien. So vielfältig die Situationen sind, so unterschiedlich sind auch die Hundepersönlichkeiten.

Praxis: Patentlösungen, wie man sich in solchen Situationen dem Hund gegenüber verhalten sollte, gibt es nicht. Wichtig ist, dass Sie für Ihren Vierbeiner da sind und ihm gegebenenfalls Mut machen, vielleicht auch nachdem er zunächst bei Ihnen Schutz gesucht hat und Sie ihn gehalten haben, bis sich sein Herzschlag wieder beruhigt hat. Oft ist für Hunde ein Vorfall auch recht schnell vergessen und erst durch unser Verhalten („Ach du Ärmster!") bekommt er eine besondere Dramatik. Wägen Sie ab, ob Bemitleiden der richtige Weg ist und ob Sie Ihrem Hund nicht lieber eine Handlungsalternative bieten: Eine umgekippte Mülltonne ist zwar groß und vielleicht auch unheimlich. Aber mehr auch nicht und so darf er sie nach dem ersten Schreck beschnuppern. Trösten im Sinne von Für-den-Anderen-Dasein kann einem Hund bei Gewitterangst helfen, manchmal aber auch Ablenkung durch ein Spiel.

Mythos Hunde können Schuldgefühle haben

Nein, zumindest nicht in den hinlänglich bekannten Situationen, so wie dieser: Max schleicht uns im Flur mit gesenktem Blick entgegen. Klar, er hat wieder etwas angestellt, denken wir, und sehen dann auch schon die Bescherung. Sie können sich etwas aussuchen: Ist die Vase zerborsten, der Blumenkübel umgeworfen oder die Tapete angeknabbert? Dazu passt dann doch seine überdeutliche Körpersprache und dann erst dieser Augenaufschlag! Natürlich fühlt er sich schuldig, so denken wir.

Forscher untersuchen „schuldbewusstes Verhalten“

Diese Annahme untersuchten mehrere Forscherteams genauer. Paul H. Morris und seine Kollegen sowie Alexandra Horowitz kamen dabei zu folgenden Schlüssen: Hundehalter und Nichthundehalter hatten ganz konkrete Vorstellungen vom schuldbewussten Verhalten bei Hunden: Typische Signale waren demnach das Sich-klein-machen, Einziehen der Rute, Blickabwenden oder auch das Einlegen des Rückwärtsgangs. 74 % der befragten Besitzer waren sich sicher, dahinter steckten Schuldgefühle. Häufig bemerkten Hundehalter den schuldbewussten Blick, den „guilty look“. Diesen Blick nahm Alexandra Horowitz genauer unter die Lupe. In ihrer Studie mit mehreren Mensch-Hund-Teams war es den Hunden verboten, dargebotene Leckerchen zu fressen, während der Besitzer nicht im Raum war. Er wusste also nicht, was sein Hund dort in der Zwischenzeit anstellte. Als man den Besitzer wieder zu seinem Hund ließ, informierte man ihn über das, was der Hund getan und man per Videokamera aufgezeichnet hatte. Aber man sagte den Besitzern gar nicht jedes Mal die Wahrheit: Es stimmte also nicht unbedingt, dass der Hund brav gewesen war oder das Leckerchen geklaut hatte. Warum das? Man konnte nun erkennen, wie die Reaktion der Hunde in Beziehung zum Verhalten der Besitzer stand. Und das war aufschlussreich.

Menschengemacht

So verhielten sich Hunde „schuldbewusst“, obwohl sie gar nicht ans Leckerchen gegangen waren, der Besitzer jedoch genau diese falsche Information erhalten hatte. Wurden sie also gescholten, nahmen sie diese Haltung ein. Und wenn sie unberechtigterweise ausgeschimpft wurden, war dieses Verhalten sogar noch deutlicher ausgeprägt. Und umgekehrt: Hunde, die trotz des Verbotes genascht hatten, deren Besitzer aber von deren bravem Verhalten überzeugt waren, zeigten sich freudig, zumindest aber neutral.
Praxis: Tun Sie Ihrem Hund bitte nicht Unrecht, indem Sie seine Beschwichtigungssignale als Schuldeingeständnis werten. Ihre Reaktion würde er als ungerecht oder Sie als unberechenbar empfinden. Üben Sie mit ihm Schritt für Schritt das Alleinsein und sorgen Sie dafür, dass er in Ihrer Abwesenheit keinen Blödsinn anstellen kann, zum Beispiel indem Sie ihm einen abgetrennten Raum zur Verfügung stellen und Lebensmittel wegräumen.

Mythos Hunde träumen genauso wie wir Menschen

Vermutlich ja. Auch wenn sie uns nicht von ihren Träume der letzten Nacht erzählen können, so spricht viel dafür, dass unsere Vierbeiner träumen. Der Psychologe Matthew Wilson untersuchte die Hirnströme von Ratten mittels EEG. Dabei kam heraus, dass sich das EEG-Muster während ihrer Tagtätigkeit und den REM-Phasen ähnelte. Wilson folgerte, dass die Tiere das Erlebte (das Laufen durch ein Labyrinth) tatsächlich noch einmal im Schlaf nachvollzogen. Und was für Ratten gilt, das sollte für unsere Hunde auch zutreffen.

Eine der Phasen, in denen geträumt wird, ist der schon erwähnte sogenannte REM-Schlaf. Das REM steht für rapid-eye-movement, also die schnellen Augenbewegungen. Diese können wir bei unseren Hunden ebenfalls beobachten. Wenn unser Vierbeiner in seinem Körbchen liegt und zu jaulen oder zu knurren beginnt, mit den Pfoten trampelt, dem Schwanz wackelt oder laut schnauft, dann befindet er sich gerade in der Phase des REM-Schlafes. Diese Schlafphase kennzeichnet eine physiologische Muskellähmung. Wäre diese nicht vorhanden, würde unser Hund im Zimmer umherlaufen und das, was er träumt in Action umsetzen. Bei Hunden beträgt der REM-Schlaf über ein Viertel des Gesamtschlafes, ähnlich wie bei uns Menschen. Aber können sie sich an ihre Träume erinnern? Daran zweifelt die Wissenschaft und spricht deshalb im Zusammenhang mit Tieren lieber von der Erinnerungsverarbeitung als vom Träumen.
Praxis: Erschrecken Sie nicht über seine merkwürdigen Bewegungen und die Geräusche, die er währenddessen macht, und wecken ihn nicht auf. Beim Erwachen aus einem aufregenden Traum, freut er sich bestimmt, wenn Sie ihn streicheln und für ihn da sind.

Wie wir Menschen durchlaufen Hunde mehrere **Schlafzyklen**, bestehend aus Leicht- und Tiefschlaf, der REM-Phase und einer kurzen Wachphase. Ihre Zyklen sind insgesamt kürzer, dafür folgen mehr aufeinander (Mensch: 4–5, Hund: ca. 20). So schlafen sie nachts ähnlich lange wie wir.

Mythos Hunde lernen im Schlaf

Das stimmt! Man kann davon ausgehen, dass der Schlaf bei Hunden eine ähnliche Funktion wie bei uns Menschen hat. Im Tiefschlaf wird das am Tag Erlebte vom Hippocampus, einer evolutionär sehr alten Gehirnregion, zur Hirnrinde gesendet, quasi überspielt. Eine wichtige Rolle spielt auch das Hormon Noradrenalin, das im Schlaf bei der Gedächtnisbildung beteiligt ist.

Bei Schlafentzug aber können sich Nervenzellen nicht regenerieren oder bilden sich viel schlechter aus. Selbst ein Kurzschlaf reicht, um die Merkfähigkeit und die Leistungsfähigkeit sowie die Stimmung zu verbessern. Für das prozedurale Lernen (v.a. Lernen von Bewegungsabläufen) ist vor allem die erste Nacht nach dem Erleben entscheidend. Im Schlaf werden Bewegungen und Abläufe wiederholt und dadurch verfestigt. Beim deklarativen (bewussten) Lernen werden neue Erfahrungen mit bereits vorhandenem Wissen verknüpft. Im Tiefschlaf ist der Gehalt des Stresshormons Cortisol niedrig. Entspannung und Lernen haben also miteinander zu tun.

Praxis: Achten Sie auf regelmäßige Ruhepausen und einen ruhigen Schlafplatz.

Mythos Hunde sind dümmer als Wölfe

Nein, sie sind nur anders. Gerne wird argumentiert, sie seien weniger schlau als ihre wild lebenden Verwandten, weil sie ja nun nicht mehr selbst für ihr Überleben sorgen müssten. Da sie schon geraume Zeit mit uns Menschen leben (siehe auch Seite 30), haben sie sich nicht nur äußerlich gegenüber dem Wolf verändert, das ist richtig. Ihr Verhalten hat sich den Gegebenheiten, also dem Leben in menschlicher Obhut, angepasst, das wiederum ganz andere Herausforderungen bereit hält. Erst kürzlich konnten Wissenschaftler molekularbiologisch die Unterschiede im Erbgut von Wolf und Hund dokumentieren. Diese Unterschiede betreffen zu einem großen Teil Schaltungen und Verknüpfungen im Gehirn.

Kooperation mit uns

Das Wesentlichste: Hunde arbeiten lieber und vor allem meist freiwillig mit dem Menschen zusammen. Kooperation mit dem Menschen wird also ganz groß geschrieben. Dabei verlassen sie sich gerne auch auf uns und unsere Hinweise und Anweisungen. Wölfe denken mehr nach und versuchen selbstständig die Lösung für ein Problem zu finden. Unsere Vierbeiner verzeihen uns sogar viel eher Nachlässigkeiten oder kleine Fehler im Umgang mit ihnen und kooperieren trotzdem mit uns – das würde kein Wolf tolerieren. Haben wir ein Glück, dass sie keine Wölfe mehr sind! Ihre Spielfreude, die sie von ihren Urahnen geerbt haben, behalten sie, sofern sie nicht körperlich beeinträchtigt sind, bis ins hohe Alter bei.
Praxis: Fördern Sie Ihren Hund schon ab dem Welpenalter. Geben Sie Ihrem Vierbeiner, egal, wie alt er ist, immer wieder die Gelegenheit, Aufgaben gemeinsam mit Ihnen zu lösen, zum Beispiel in Form von Suchspielen. Binden Sie ihn so oft es geht, in Ihren Alltag mit ein.

Mythos Hunde können nicht durch Nachahmung lernen

Doch, bis zu einem gewissen Grad können sie das. Bei dieser Lernform, die man auch „soziales Lernen“ nennt, ist das Beobachten ganz wichtig. Und darin sind Hunde als soziale Lebewesen ziemlich gut. Diese Lernform hat viele Vorteile: Was andere schon wissen, kann man getrost abgucken. Davon profitieren vor allem junge Tiere, die ihre Umwelt noch nicht so genau kennen. Ohne Aufmerksamkeit kann aber nicht nachgeahmt werden. Hundchen muss also schon genau zugucken. Und ohne bestimmte Gedächtnisleistungen geht es ebenfalls nicht. Das Erlebte muss schließlich noch verarbeitet und gespeichert und mit bereits gemachten Erfahrungen abgeglichen werden.

Viele Varianten

Nachahmung ist übrigens nicht gleich Nachahmung: Macht die Hundemama ihren Welpen lediglich auf ein Spielzeug oder einen besonderen Ort (etwa ein nach Urin duftender Grasbüschel) aufmerksam, damit dieser jenen näher untersucht, so spricht man von „local enhancement“ (ortsbezogene Verstärkung). Dann gibt es noch die einfache Nachahmung, bei der zum Beispiel ein Handlungsablauf kopiert wird, ohne jedoch den tieferen Sinn oder das Ziel zu verstehen. Anders bei der echten Nachahmung: Dabei versteht der Beobachter den Zusammenhang zwischen den Verhaltenskomponenten und dem Ziel der Handlung und handelt dann zielgerichtet. Lange Zeit glaubte man, dass Hunde zu solchen geistigen Leistungen nicht fähig seien. Aber es gibt Hinweise darauf, dass das doch so ist, allerdings haben ihre Fähigkeiten wohl auch ihre Grenzen. Am einfachsten gelingt ihnen die Nachahmung, wenn ein Objekt, wie ein Ball oder ein Seil im Spiel ist. Einfach nur bestimmte Bewegungen nachzuahmen, zum Beispiel das Hinsetzen oder Hinlegen, fällt ihnen viel schwerer. Und das genaue, exakte Nachahmen einzelner Bewegungen ist ohnehin nicht ihr Ding! Sie sind eher auf das Ergebnis aus, also wie beispielweise an ein Leckerchen zu gelangen ist. Hunde, vor allem Welpen und Junghunde, lernen von anderen Hunden, die bereits über einen besseren Ausbildungsstand verfügen, beispielsweise Jagdhunde. Besonders sprechen Hunde aber auf menschliche Vorbilder an. Es fällt ihnen sogar leichter, eine Aufgabe zu bewältigen, wenn der Mensch ihnen den Lösungsweg einmal vormacht.

Praxis: Machen Sie Ihren Hund doch einmal auf eine interessante Stelle zum Buddeln aufmerksam, indem Sie sich selbst dafür interessieren. Auch das Zurückkommen machen Sie ihm leichter, wenn Sie am Wegesrand ein vermeintlich spannendes Objekt betrachten: „Frauchen, was ist denn daaaa?“.

Mythos Hunde können nicht logisch denken

Doch, das können sie. Allerdings gibt es bei ihnen, soweit man heute weiß, gewisse Grenzen. Logisch ist, wenn man kausale Zusammenhänge erkennen kann, zum Beispiel Ursache und Wirkung. Wenn hintereinander zuerst ein Becher geschüttelt wird, der rappelt, und danach ein anderer, der kein Geräusch von sich gibt, in welchem Becher sind dann die Leckerchen versteckt? Richtig, wir Menschen folgern: Nur in dem Becher, der beim Schütteln rappelt, können sie gewesen sein. Und unsere Hunde? Bei einem wissenschaftlichen Test versagten die meisten. Können sie darum nicht logisch denken?

Der Mensch macht's interessant

Wissenschaftler vermuten, dass die Tatsache, dass der Mensch den leeren Becher geschüttelt hat, ausreichte, um den Hund vermuten zu lassen, der Becher sei bedeutsam. Zeigte man den Hunden allerdings, dass in dem Becher nichts enthalten war, konnten sie die richtige Schlussfolgerung aus diesem Umstand ziehen – der Becher war dann nicht mehr interessant. Dennoch sind Hunde zu Schlussfolgerungen fähig, die wir ihnen eigentlich gar nicht zutrauen: So können sie nach dem Ausschlussprinzip lernen (mehr dazu auf Seite 104). Und wenn sie das können, dann bedeutet das, dass sie durch das logische Schlussfolgern eine korrekte Alternative wählen können. Hunde verlassen sich bei ihrem Handeln gerne auf unsere menschlichen Hinweise (soziale Auslösereize). Manche Gedächtnisleistung, die wir von ihnen erwarten, können sie gar nicht leisten. Das hat dann nichts mit Widersetzlichkeit oder Sturheit zu tun.

Praxis: Überfordern Sie Ihren Vierbeiner nicht mit Denkaufgaben, die er einfach nicht lösen kann, da seine Logik anderen Gesetzmäßigkeiten folgt.

Mythos Hunde können keine Farben sehen

Doch, das können sie, jedoch nicht alle. In der Netzhaut des Hundeauges gibt es, wie im Menschenauge, zwei verschiedene Sinnesrezeptoren, die Stäbchen und die Zapfen. Die Stäbchen sind höchst lichtempfindlich und deshalb für das Sehen bei schlechten Lichtverhältnissen verantwortlich. Die Zapfen hingegen springen bei Tageslicht an. Zum einen ist mit ihnen schärferes Sehen möglich, zum anderen auch Farbensehen.

Hunde sind Dichromaten

Während der Mensch in seiner Netzhaut drei unterschiedliche Zapfenformen hat, sind es beim Hund nur zwei. Hunde sind also Dichromaten. Die Zapfen sind für bestimmte Wellenlängen des Lichtes zuständig. Folge: Ihre Welt ist nicht so farbenfroh wie unsere. Den mittelwelligen Bereich des Farbspektrums nehmen sie vermutlich nicht wahr, das heißt, bei der Farbe Grün müssen sie wohl passen. Die höchste Farbempfindlichkeit haben Hunde im blauvioletten Bereich. Die anderen Wellenlängen, so eben auch grün, sehen sie vermutlich weiß oder grau. Rot, so vermutet man, erscheint für sie wie ein sattes Gelb. Große Schwierigkeiten haben sie mit orangeroten Gegenständen, vor allem, wenn diese auf einer grünen Wiese liegen.

Praxis: Wenn Sie Ihrem Hund also das Apportieren erleichtern wollen, so arbeiten Sie nicht mit roten Apporteln, sondern mit blauen oder violetten. In diesem Bereich ist ihre Farbwahrnehmung so fein, dass sie die Nuancen sehr gut unterscheiden können.

Wie lernen Hunde?

Hundekinder lernen im Prinzip gar nicht anders als Menschenkinder. Zusätzlich müssen sie nicht nur viel über Hunde, sondern auch über uns Menschen erfahren. Hunde lernen dabei auf ganz unterschiedliche Weise. Die motorischen Fertigkeiten sind meist schnell eingeübt. Anders sieht es mit den geistigen Fähigkeiten aus. Ganz früh und kontinuierlich müssen Verschaltungen im Gehirn und zwischen den Nerven hergestellt werden. Je besser und umsichtiger die Sozialisation des Welpen erfolgt, desto leichter lernt es sich später.

Lernformen

Verschiedene Lernmechanismen sind daran beteiligt: Prägung zum Beispiel auf ein spezielles Futter oder den Lebensraum. Gewöhnung (Habituation) an

unbekannte oder zunächst furchteinflößende Situationen, Lebewesen, Gegenstände. Assoziation durch Verknüpfung zweier gleichzeitig stattfindender Ereignisse. Nachahmung von Verhaltensweisen, die von einem anderen (Hund oder Mensch) vorgemacht werden. Operante oder instrumentelle Konditionierung mittels Verstärkung durch Lob und Leckerchen. Lernen mittels Belohnen schöpft jedoch nicht immer die geistigen Fähigkeiten unserer Hunde aus (siehe dazu auch Seite 60). Denn sie können Probleme durchaus bis zu einem gewissen Grad im Rahmen ihrer hundlichen Logik eigenständig lösen. Nachdenken bringt die Vierbeiner oft auf die richtige Fährte.

Soziales Lernen

Das soziale Lernen nimmt bei Hunden einen wichtigen Stellenwert ein. Soziales Lernen setzt Beobachten voraus. Und Hunde sind darin ziemliche Meister. Hunde achten beispielsweise genau darauf, mit welchem Gegenstand wir hantieren und wenden diesem ihre besondere Aufmerksamkeit zu, auch wenn er mit der eigentlichen Lösung eines Problems gar nichts zu tun hat. Sie verstehen, wenn wir auf einen Gegenstand zeigen und folgen dieser Geste mit ihren Augen. Das sind sogenannte „social cues“ (soziale Hinweise), die für unsere Hunde wichtig sind. Sie haben sicher schon öfter bemerkt, dass unsere Vierbeiner uns mit ihren Kulleraugen um Hilfe bitten oder sich bei uns rückversichern. Machen wir ihnen Mut, dann machen sie sich daran, die neue Aufgabe zu lösen oder sich einem Problem zu stellen. Lernen unter extremem Stress oder bei zu hohem Leistungsdruck klappt bei ihnen übrigens genauso schlecht wie bei uns.

Neue Forschungen bringen nach und nach und immer wieder Erstaunliches zutage: Hunde haben sich beispielsweise über die Jahrtausende, die sie nun schon mit uns Menschen zusammenleben, ganz auf uns „eingegroovt“ und lernen ihr Leben lang, auch nach Vollendung der sogenannten sensiblen Phasen (siehe Seite 10).

Mythos Hunde sind weitsichtig

Ja, stimmt, sie haben eine Tendenz dazu, Dinge besser in gewisser Entfernung zu sehen. Gegenstände, die sich unmittelbar vor ihrer Nase befinden, können sie oft gar nicht richtig erkennen. Alles, was näher als 35 bis 50 cm vor ihrem Auge liegt oder steht, erscheint ihnen unscharf. Bei uns Menschen beginnt dieser Bereich erst ab ca. 7 cm. Interessant ist auch, dass Hunde mit einer kürzeren Schnauze offensichtlich hier eher in Richtung menschliches Schärfesehen tendieren und das, was sich genau vor ihrer Schnauze befindet besser fokussieren können, als langschnauzige Hunde.

Hunde sehen Bewegungen gut

Besonders gut erkennen sie allerdings Bewegungen, etwa zehn Mal besser als wir. Gerade in der Dämmerung sehen sie Einzelbewegungen hervorragend. Das Sehen der Hunde ist eine Anpassung an ihr Leben als Beutegreifer, die sie immer noch sind. Weitsichtigkeit und Bewegungssehen sind die Folgen davon.
Praxis: Haben Sie sich schon manches Mal gewundert, warum Ihr Vierbeiner sich schwer tat, Sie in einiger Entfernung zu erkennen, wenn sie sich still verhalten haben? Ihr Hund braucht also keine Brille, er reagiert einfach viel besser auf schnelle Bewegungen. Winken Sie doch das nächste Mal einfach ein wenig beherzter oder geben zusätzlich akustische Signale „Hier bin ich!“

Mythos Hunde sehen nachts besser als wir

Ja, viel besser sogar! Für das Sehen bei schlechten Lichtverhältnissen sind die Stäbchen in der Netzhaut des Auges zuständig. Und die Stäbchen machen rund 97 % ihrer Rezeptorzellen aus. Das bedeutet, dass ganz viele dieser Zellen zusammenstehen und die Informationen an das Sehzentrum im Gehirn weiterleiten.

Eingebauter Restlichtverstärker

Nicht allein das, nun besitzen Hunde auch noch ein besonderes „Werkzeug" im Auge, einen Restlichtverstärker, das sogenannte *Tapetum lucidum*. Das ist eine Spiegelfläche an der Rückseite der Netzhaut. Das spärliche Licht, zum Beispiel während der Dämmerung, wird dadurch gespiegelt und erneut auf die Netzhaut geworfen. Das können Sie gut erkennen, wenn im dunklen Zimmer ein Lichtkegel auf das Auge Ihres Hundes trifft: Der Augenhintergrund spiegelt dann grün oder gelb. Um 50 % kann das das Sehen in der Dämmerung verbessern. Das geht allerdings auch zu Lasten der Schärfe.
Praxis: Wundern Sie sich nicht, wenn Ihr Hund bei Dunkelheit an der Fensterscheibe klebt und draußen ein vermeintliches Phantom anbellt. Meist ist es keineswegs so, sondern er beobachtet gerade einen Marder oder eine Katze auf der Pirsch. Da Hunde nachts deutlich besser sehen als wir, tun Sie bitte seine Unruhe oder das unvermittelte Lautgeben nicht direkt als Spleen ab. Schauen Sie lieber einmal nach …

Mythos Hunde sind keine Feinschmecker

So stimmt das nicht ... Nur weil sie gerne – für unser Empfinden – sehr unappetitliche Dinge verspeisen, heißt das nicht, dass sie keinen Geschmack hätten und über Geschmack lässt sich ja trefflich streiten. Es stimmt, dass Hunde ihre Nahrung vorwiegend herunterschlingen. Deswegen haben sie wesentlich weniger Geschmacksknospen auf ihrer Zunge als wir Menschen, nur etwa 1700 gegenüber 9000 bei uns. Wie wir haben sie aber trotzdem auch Sinneszellen, die für die vier klassischen Geschmacksrichtungen zuständig sind (süß, sauer, salzig, bitter). Bittere Nahrung mögen sie gar nicht und spucken diese oft unverzüglich wieder aus: Ein Schutzmechanismus des Körpers, denn Bitteres ist zudem oft giftig. Und genau wie uns schmeckt ihnen Süßes besonders gut, was auch ihre Vorliebe für reifes Obst und Beerenfrüchte erklärlich macht. Übrigens schmeckt frisches Gras ebenfalls süß. Wäre das eine Erklärung für ihr zeitweiliges Grasen auf einer Frühlingswiese? Wie wir Menschen haben unsere Vierbeiner noch einen Sensor für einen fünften Geschmack, Umami. Vielleicht sogar ihr Lieblingsgeschmack, denn diese Geschmacksrichtung enthält stickstoff- und schwefelhaltige Substanzen, wie sie zum Beispiel in Katzenkot enthalten sind und auf Eiweiß hinweisen. Einen weiteren Sinn haben Hunde außerdem für Wasser: Sie haben tatsächlich Sensoren auf ihrer Zunge und in der Maulhöhle, die auf Wasser ansprechen. Eine nützliche Sache!

Ein zusätzliches Riechorgan

Die Geruchsinformationen sind, das ist bei uns nicht anders, auch mit dem Riechen gekoppelt. Dafür haben Hunde sogar ein zusätzliches Organ, das sogenannte vomeronasale oder Jacobson'sche Organ, das eine direkte Verbindung vom Gaumen zum Nasenvorhof darstellt.

Damit werden Geruchsmoleküle aus dem Mundraum unmittelbar in die Nase transportiert. Und was ist, wenn unsere Hunde sich als mäkelige Esser geben? Das kann zum einen an der frühen Prägung in der Welpenzeit (oder sogar noch im Mutterleib) liegen, zum anderen aber vielleicht an einer anerzogenen Vorliebe für besondere Leckerbissen.

Praxis: Versuchen Sie bitte nicht, die Vorlieben Ihres Hundes nach unseren Maßstäben zu bewerten. Sollte er etwas wirklich Unappetitliches fressen oder eine sehr ungewöhnliche Vorliebe haben, sprechen Sie vorsichtshalber jedoch mit Ihrem Tierarzt.

Mythos Kurzschnäuzige Hunde haben schlechtere Nasen

Ja, das stimmt. Je kürzer die Nase, desto weniger Platz ist auch für das Riechepithel, die Schleimhaut, die die Riechzellen enthält. Ein Dackel hat eine Riechfläche von rund 75 cm^2 mit ca. 125 Millionen Riechzellen, ein Schäferhund ca. 150 cm^2 mit rund 225 Millionen Riechzellen. Beim Mensch kommen auf ca. 10 cm^2 Riechschleimhaut „nur" etwa 10–30 Millionen Riechzellen. Mehr noch als die Schnauzenlänge hat aber die Form des Gesichtsschädels großen Einfluss auf das Riechvermögen. Eine Englische Bulldogge hat in ihrer kurzen Nase nur Platz für 40 cm^2 Riechschleimhaut und damit darauf auch viel weniger Raum für die Riechzellen.

Nachteile sind vorhanden

Somit ist in den Nasen der brachyzephalen (kurzköpfigen) Hunderassen weniger Platz für das vomeronasale Organ. Hinzukommt, dass diese Hunde oftmals sehr in der Atmung eingeschränkt sind, sodass ohnehin weniger Duftmoleküle an den Ort ihrer Bestimmung transportiert werden können. Diese ungünstigen anatomischen Gegebenheiten bedingen außerdem einen geringeren Sauerstofftransport zum Gehirn, sodass sie nicht nur körperliche Ertüchtigung, sondern auch die Nasenarbeit sehr schnell ermüdet. Solche Hunde brauchen dann viele Pausen. Wussten Sie übrigens, dass die langen Ohren mancher Jagdhunderassen zudem etwas mit dem guten Geruchssinn zu tun haben? Dazu mehr im nächsten Mythos.

Praxis: Hunde mit kurzer Schnauze können aus anatomischen Gründen tatsächlich etwas schlechter riechen. Stellen Sie sich gegebenenfalls darauf ein und überfordern Sie Ihren eventuell kurzköpfigen Hund nicht bei ausdauernden Riechaufgaben.

Mythos Hunde mit Hängeohren hören schlechter

Nein, bzw. nur geringfügig schlechter. Aufgrund der besonderen Struktur des Hundeohres werden Schallwellen nahezu verlustfrei ins Innenohr geleitet. Mit insgesamt 17 Muskeln an jedem Ohr können sie die Schallquellen ziemlich exakt orten. Wissenschaftler fanden heraus, dass Hunde mit Schlappohren nur ganz minimal schlechter hören. Das betrifft wohl vor allem höhere Töne.

Lange Schlappohren, wie sie zum Beispiel Bassets oder Bluthunde haben, bringen jedoch auch Vorteile. So helfen sie vermutlich dabei, Geräusche vom Boden oder aus dem Erdreich besser zu hören. Diesen Hunden helfen die langen Behänge außerdem, Geruchsinformationen besser zu verarbeiten, weil damit Duftmoleküle vor der Nase des Hundes quasi in Form einer natürlichen Barriere zur genaueren Analyse festgehalten werden.

Praxis: Wenn Ihr hängeohriger Hund also nicht sofort reagiert, liegt es an etwas anderem, vielleicht an zu vielen Nebengeräuschen oder aber daran, dass es gerade etwas viel Interessanteres in seiner Umgebung gibt und er auf Durchzug stellt! Hört er tatsächlich schlecht oder will er gerade einfach nicht?

Mythos Hunde besitzen einen sechsten Sinn

Nein, zumindest keinen nachweisbaren Sinn für Übersinnliches. Das verstehen wir nämlich zumeist unter dem sechsten Sinn. Vieles, was uns zunächst unerklärlich erscheint, ist auf ihre fein abgestimmten Sinne zurückzuführen, deren Leistungsfähigkeit wir im Einzelnen und im Zusammenspiel vermutlich immer irgendwie übersinnlich finden werden. Im Alltag begegnen uns einige Phänomene, zum Beispiel dass unser Vierbeiner plötzlich aufsteht und schnurstracks erwartungsfroh zur Haustür eilt. Woher wusste er nur, dass wir gleich spazieren gehen wollen? Manche vermuten telepathische Fähigkeiten, doch spricht meist mehr für seine besondere Beobachtungsgabe. Der Griff zur Leine, der Geruch der Jeans etc. signalisieren ihm: es geht hinaus. Wieso weiß unser Hund aber dann, dass Herrchen gleich nach Hause kommt, obwohl er sonst viel später Dienstschluss hat? Vermutlich gaben ihm unser Verhalten oder die Motorengeräusche auf der Straße konkrete Hinweise.

Wie sieht es mit seinen Fähigkeiten aus, Naturkatastrophen vorherzusagen, wie manchmal behauptet wird? Hier kann man offensichtliche Verhaltensänderungen auf chemisch-physikalische Ereignisse zurückführen, zum Beispiel weil sie bestimmte Gerüche wahrgenommen oder Erschütterungen gespürt haben. Sie wissen natürlich nicht, was, sondern nur dass etwas passieren wird. Auch gibt es Hinweise darauf, dass sie eventuell Infrarotsensoren haben, elektrische Felder spüren sowie sensibel auf Veränderungen im Magnetfeld der Erde reagieren.

Praxis: Entdecken Sie die Sinneswelt Ihres Hundes und lassen Sie sich von seinen besonderen Fähigkeiten überraschen.

Mythos Hunde haben nur ein Kurzzeitgedächtnis

Nein. Oftmals wird gesagt, dass Hunde nur im Hier und Jetzt leben, das Gestern sei für sie nicht wichtig. Wenn das so pauschal zutreffend wäre, dann könnten Hunde nicht lernen und sich nicht an Orte und Personen erinnern, das tun sie aber. Sie erinnern sich auch nach Monaten und Jahren an bestimmte Menschen oder Hundekumpels. Vor allem an das, was sie selbst aktiv erlebt haben, erinnern sie sich noch lange.

Bei Füchsen, die ja ebenfalls zur Familie der Kaniden gehören, konnte man nachweisen, dass sie sich noch nach Monaten an den Ort erinnern konnten, an dem sie vorher Futter vergraben hatten. Anders sieht es bei Kaniden mit Ereignissen aus, die sie nur beobachtet haben, die vergessen sie mitunter sehr schnell. Wenn ein Objekt nicht mehr da ist, dann ist es auch bald aus ihrem Gedächtnis verschwunden. Interessant ist zudem ein anderes Phänomen: Sie merken sich den Ort, an dem ein Gegenstand liegt, in Bezug zu ihrer eigenen Position und nicht zu irgendwelchen markanten Punkten in der Umgebung. Mit dieser Fähigkeit können sie sogar innere Landkarten ihrer Umwelt erstellen. Dass sie aber noch lange Zeit sogar eher abstrakte Begrifflichkeiten erinnern, zeigte der Border Collie Rico, der seine zahlreichen Spielzeuge dauerhaft namentlich unterscheiden konnte (siehe Seite 108). Wichtig fürs Lernen ist außerdem das regelmäßige Pausieren, damit alles überhaupt verarbeitet werden kann (siehe dazu Seite 82).

Praxis: Bauen Sie Übungen rund um sein Erinnerungsvermögen in Ihren Alltag ein. Legen Sie Sie seinen Ball im Garten hinter einen Busch und lassen Ihren Vierbeiner erst Stunden später wieder hinaus. Erinnert er sich noch an das Versteck? Geht er zielstrebig oder setzt er seine Nase ein? Beobachten Sie, ob er lange nicht getroffene Personen auf Anhieb wiedererkennt.

Das Mensch-Hund-Team

Seit Jahrtausenden leben Hunde mit und bei dem Menschen. Trotzdem gibt es immer wieder zwischen Zwei- und Vierbeinern „Beziehungsprobleme". Eine gute Bindung herzustellen und miteinander zu harmonieren, ist jedoch gar nicht so schwierig.

Mythos Mensch und Hund leben in einem Rudel

Nein. Noch immer liest und hört man davon, dass Mensch und Hund in einem Rudel leben. Diese Vorstellung hält sich hartnäckig. Der Begriff des Rudels impliziert zumeist eine strenge hierarchische Ordnung, die in einer Gruppe von Einzelindividuen herrscht.

Familienverband

Heute weiß man jedoch, dass frei lebende Wölfe meist in Familienverbänden leben. In einem solchem Familienverband herrschen Regeln, aber keine Hackordnung. So liest man im Zusammenhang mit Wölfen immer seltener den Begriff Rudel. Die Einteilung der einzelnen Gruppenmitglieder in Alpha-, Beta- oder Omegatiere bei frei lebenden Wölfen gilt ebenfalls als überholt. Leittiere sind die Tiere, die sich fortpflanzen, also die Elterntiere. Auch deshalb kann der Mensch gegenüber seinem Hund oder seinen Hunden nicht den Status eines Alphatiers einnehmen. Über Jahrtausende begleiten Hunde nun schon uns Menschen und haben sich im Laufe der Domestikation an das Leben in der menschlichen Umwelt angepasst. Hunde wissen genau, dass wir keine Artgenossen sind. Dementsprechend kann der Mensch nicht die Position des Rudelführers einnehmen. Mensch und Hund leben in einer sozialen Gemeinschaft. Der Rudelbegriff passt nicht.
Praxis: Für Sie gibt es eine ziemlich verantwortungsvolle Funktion, in der sich gleich mehrere Rollen vereinen: Die einer natürlichen Autoritätsperson und die eines Sozialpartners, der gegenüber seinem Vierbeiner Wertschätzung und Verbundenheit ausdrückt, ihn vor Gefahren schützt, den Alltag strukturiert, ihn in die menschliche Welt einführt etc.

Mythos Ignorieren nach einer Zurechtweisung muss sein

Nein, bitte nicht! Die Begründung, die man oft hört ist, man würde durch Nettsein nach einer Zurechtweisung die Autorität gegenüber dem Hund verlieren. Doch Hunde sind sehr soziale Tiere und für sie ist soziale Isolation, also das Ausschließen aus der Gruppe, eine schlimme Strafe. Das Mittel der Wahl ist eine sogenannte Versöhnungsgeste, sobald er nach der Zurechtweisung sein Verhalten ändert.

Was ist das? Alles, was dem Vierbeiner zeigt, dass Sie weiterhin sein Freund sind. Das schadet nicht unserer Autorität. Im Gegenteil: Durch die versöhnliche Geste („Alles ist wieder gut!") beweisen wir, dass wir eine gute Führungspersönlichkeit sind, die situativ handelt und daran interessiert ist, dass man miteinander klarkommt. Trotz einzelner „Verfehlungen", trotz eines aktuellen Konfliktes. Der Vierbeiner fühlt sich weiter von uns verstanden und bei uns geborgen. Wölfe verhalten sich untereinander genauso: Der Ranghöhere sendet nach einem Konflikt diese Gesten der Versöhnung aus. Denn man ist aufeinander angewiesen. Gute Gefühle helfen außerdem viel mehr beim Lernen als sozialer Stress. Protest- oder Meideverhalten wird dadurch sogar gezielt vorgebeugt.

Praxis: Signalisieren Sie Ihrem Vierbeiner nach einer verbalen Zurechtweisung oder einem Abbruchsignal (siehe Seite 44): Egal was du gerade gemacht hast, wir gehören immer zusammen. Zum Beispiel durch ein freundliches Anlächeln, einem kleinen Streichler oder ein gemeinsames Spiel.

Mythos Der Mensch muss seine Dominanz zeigen

Nein, zumindest nicht im Sinne von übertriebenem Machtgehabe oder bewusst aggressivem Auftreten. Auch in Wolfsrudeln wird der Nachwuchs nicht ständig diszipliniert und dominiert (zur Erklärung von Dominanz siehe Seite 16). Die Führungsrolle der Wolfseltern stützt sich auf Lebensklugheit und Erfahrung, auf eine natürliche Autorität. Warum sollten sie diese gegenüber ihren Nachkommen mit Gewalt und einem Angstszenario durchsetzen wollen?

Wölfe als Vorbild

Der Mensch kann aus diesem wölfischen Führungsrollenverständnis viel für seinen täglichen Umgang mit dem eigenen Hunden lernen. Angst vor dem Menschen zu haben, ist keine gute Ausgangsposition, außerdem setzt Angst den Organismus unter Stress. Darunter leiden dann Aufmerksamkeit und Lernvermögen. Eine natürliche Autorität allerdings ist durchaus gefragt. Dass wir unseren Hunden nun nämlich gar nichts mehr sagen dürfen, wäre für das Zusammenleben ziemlich kontraproduktiv. Wir müssen Entscheidungen treffen, Regeln aufstellen und diese auch durchsetzen. Wobei es durchaus Regeln geben kann, die wir etwas lockerer sehen oder aus dem Augenblick heraus entscheiden können. Aber es ist der Mensch, der letztendlich die Entscheidung trifft, ob eine Regel eingehalten wird, und nicht der Hund.

Regeln mit Verstand anwenden

Es sollte eine Art Grundstock an Regeln geben, die immer gelten. Also nicht heute so und morgen anders – das wäre Willkür und dem Vierbeiner gegenüber ungerecht. Für unsere Hunde sollten wir berechenbar und die Regeln nachvollziehbar und durchschaubar bleiben. Das schafft Routine und erleichtert das Zusammenleben ungemein, denn es muss nicht ständig alles ausdiskutiert und hinterfragt werden. Unsere Hunde verzeihen uns sogar, wenn wir einmal einen schlechten Tag haben oder einen Fehler im Umgang mit ihnen machen, den wir dann allerdings auch selbstkritisch erkennen sollten. Wir müssen nicht perfekt sein – unsere Hunde ebenso wenig.

Praxis: Wenn Sie ein angenehmes Miteinander anstreben – und wer tut das nicht – dann geben Sie Regeln vor und pflegen gemeinsame Rituale, beispielsweise gemeinsame Kuschelzeiten. Suchen Sie nach Lösungen bei Konflikten und bieten Ihrem Hund einen Ausweg daraus an, zum Beispiel „Sitz!“, wenn er zu aufgeregt ist. Hunde sehnen sich sogar danach und fangen dann nicht an, sich die Welt so zu organisieren, wie sie es für richtig halten oder trotten Ihnen mit gesenktem Kopf hinterher, weil sie sich hilflos fühlen.

Mythos Hunde verstehen die menschliche Sprache nicht

Doch, zumindest in Grundzügen. Auch wenn es bislang erst wenige Studien zum Sprachverständnis unserer Haushunde gibt, so sind die Ergebnisse daraus bereits sehr aufschlussreich. Nach einer umfangreichen Befragung von Hundehaltern sortierten ungarische Forscher die Begriffe, die jene im Alltag benutzten, wenn sie mit ihren Hunden sprachen. Von den Hundehaltern kamen vor allem Einladungen, Verbote, Befehle, Handlungsaufforderungen, Erlaubnisse, Fragen, allgemeine Informationen und ganz spezielle, individuelle Aussagen. Außerdem nutzten die befragten Hundehalter sehr viele Synonyme, also verschiedene Ausdrücke für ein und denselben Inhalt, und wiederholten manches, zum Teil mit Variationen. Insgesamt gingen 80 % der Hundehalter davon aus, dass ihre Hunde grundsätzlich immer (31 %) oder situationsabhängig (53 %) verstanden, was sie meinten. Je mehr Worte die Äußerungen enthielten, desto seltener fanden die Besitzer, würden ihre Hunde jedes Mal das Gesagte verstehen, allerdings war das entscheidend von der jeweiligen Situation abhängig.

Wortverständnis untersucht

Trafen die Einschätzungen der Hundehalter aber auch den Nagel auf den Kopf? Dazu gibt es eine britische Studie: Bei Tests sprach man absichtlich übliche Kommandos wie „Sitz!“ (engl. „sit!“) falsch aus, um herauszufinden, was genau die Hunde daran verstanden – oder nicht. Andere Informationsquellen wie Blickkontakt oder Gesten schaltete man quasi aus. Die Hunde bekamen nur die Worte zu hören. Aus „sit“ wurde „sat“, „sik“ oder „chit“. Auf die veränderten Begriffe reagierten die Hunde mit Verzögerung, mal mehr (bei „chit“), mal weniger deutlich. Dies interpretierten die Forscher so: Die Hunde erkannten die Ähnlich-

keiten des Klangs, waren also geschult darin, herauszufinden, was der Mensch meinte. Wenn aber die Stimme vom Band kam und andere Hinweise, etwa durch verhinderten Augenkontakt, fehlten, verstand der Vierbeiner oft nur „Bahnhof“. Gerade der Augenkontakt scheint für sie in unklaren Situationen von großer Bedeutung zu sein.
Praxis: Nutzen Sie einen Grundstock an gängigen Ausdrücken („Kommandos“), die Ihnen im Umgang helfen. Verlassen Sie sich nicht nur auf Ihre gesprochenen Aussagen, achten Sie auch auf den Situationsbezug, Augenkontakt und den Klang Ihrer Stimme. Aber reden Sie nicht zu viel mit Ihrem Hund, das überfordert ihn. Manchmal ist Schweigen durchaus die bessere Wahl, gerade wenn es darum geht, ein unerwünschtes Verhalten nicht durch Aufmerksamkeit doch noch zu belohnen.

Mythos Kommandos müssen kurz und streng sein

Nicht unbedingt. Hunde achten nicht nur auf die Worte allein und sie besitzen durchaus die Fähigkeit, auch Mehr-Wort-Äußerungen zu verstehen, das hängt aber von der jeweiligen Situation ab. Besonders ältere Hunde reagieren auf eine höhere Anzahl von Äußerungen sowie auf ganz spezielle, zum Beispiel familieneigene Ausdrücke. Die Forscher Mitchell und Edmonson untersuchten zudem den Einfluss des Sprachklangs.

Der Klang entscheidet

Die dem Alltagserleben sehr nahe Fragestellung war: Wie würden die Hunde reagieren, wenn der Hundebesitzer zum Beispiel verärgert oder fröhlich war? Dabei kam heraus, dass die Vierbeiner gerade auf strenge, eher ärgerliche Besitzer weniger berechenbar reagierten. Wen wundert's: Eine schlechte Stimmung beeinflusst die Lernbereitschaft. Mehrere andere Studien bestätigten darüber hinaus, dass unsere Vierbeiner viel mehr auf verbale Ermutigung reagieren oder ein Problem wie ein nur über einen Umweg zugängliches Leckerchen viel besser begreifen, wenn wir sprachlich anfeuern.

Praxis: Seien Sie in Ihrer Kommunikation bestimmt, aber nicht zu streng oder gar böse. Bleiben Sie in Stresssituationen möglichst gelassen. Um im Notfall eine hoher Trefferquote zu haben, sollten Sie Kommandos häufig, auch unter Ablenkung und an unterschiedlichen Orten üben. Worte können Mut machen und Zuversicht geben, das ist doch viel schöner als der vielzitierte Kasernenhofton.

Mythos Babysprache zu benutzen, ist albern

Nun ja ... Kaum einer kann sich davon freisprechen: Wir benutzen sie manchmal, die Babysprache. Vor allem Frauen bedienen sich häufig einer höheren Stimmlage, wenn sie mit ihren Hunden sprechen. Dahinter verbirgt sich das unbewusste Wissen, dass damit eine besondere Zuneigung ausgedrückt werden kann. Nicht nur eine höhere Stimmlage gehört dazu, sondern zudem das Verwenden einfacherer Sätze und vieler Wiederholungen.

Zwischen der Babysprache, die wir bei Kleinkindern und der, welche wir bei Hunden anwenden, gibt es aber einen Unterschied: Kindern erklären wir eher etwas, die Sätze sind länger und enthalten nicht ganz so viele Wiederholungen. Mit Hunden reden wir in kurzen Sätzen und sind dabei weniger erklärend. Die Forscher nehmen an, dass die Babysprache gegenüber Hunden vor allem die emotionale Komponente beinhaltet.

Praxis: Möchten Sie mit der Ansprache Verbundenheit ausdrücken? Bleiben Sie auch sprachlich (sichere, ruhige Stimme) souverän, das mögen Hunde.

Mythos Hunde können keine Vokabeln lernen

Doch! Und da gibt es einige herausragende Beispiele wie den Border Collie Rico (1994–2008), der in der deutschen Fernsehsendung „Wetten Dass“ auftrat. Damals konnte er 77 Spielzeuge begrifflich unterscheiden. Seine Fähigkeiten wurden später vom Max-Planck-Institut für evolutionäre Anthropologie in Leipzig genauer unter die Lupe genommen. Dort stellte man fest, dass sein Frauchen tatsächlich keine versteckten Hinweise gegeben hatte, aus denen der Border Collie hätte ableiten konnte, welcher Gegenstand gerade gemeint war. Wenn seine Besitzerin ihn bat, ein unbekanntes Objekt mit dem noch nie zuvor gehörten Namen aus der Menge seiner anderen Spielzeuge herauszuholen, lernte er diesen neuen Begriff im Ausschlussverfahren. Man nennt dies auch „fast mapping“, also ein schnelles Zuordnen der Bedeutung. Zum Schluss beherrschte Rico insgesamt rund 250 Worte. Er hatte die Regel verstanden. Außerdem: Es gab auch andere Hunde, alles Border Collies, die so lernten wie er. Beispielsweise brachte es die Hündin Chaser gar auf über 1000 Begriffe. Sie konnte sogar verschiedene Verben unterscheiden: „Take“ für „Nimm ins Maul“, „Paw“ für „Berühr‘ den Gegenstand mit der Pfote“ und „Nose“ für „Berühr‘ den Gegenstand mit der Nase“.

Was geht in ihrem Kopf vor?

Viele Forscher vermuten, dass im Gehirn unserer Hunde ähnliche Prozesse ablaufen, wie bei kleinen Kindern. Auch diese lernen Sprache nicht nur aktiv, sondern ebenfalls durch Zuhören und Verknüpfung. Es sieht so aus, als brächten unsere Hunde sehr viel Verständnis für unsere Art zu kommunizieren auf. Sie sind also nicht nur gute Beobachter, sondern darüber hinaus gute Zuhörer. Die Frage ist nur, ob sie das Vokabellernen unbedingt als

Lieblingshobby ansehen oder nicht viel lieber mit uns durch den Wald streifen. Zudem liegen ihnen andere Kommunikationskanäle wesentlich näher (mehr dazu Seite 58).

Praxis: Lernen Sie spielerisch mit Ihrem Hund die eine oder andere Vokabel, denn das hält seinen Geist fit. Üben Sie kleine Tricks ein wie „Gib Pfote“ oder „Peng!“. Manchmal muss Ihr Hund ganz schön nachdenken, zum Beispiel wenn Sie für die rechte und die linke Pfote einen anderen Begriff einführen.

Was ist eine gute Beziehung?

Eine gute Bindung zeichnet sich durch einige Charakteristika aus, die nicht nur für Menschenbeziehungen, sondern auch für Mensch-Hund-Teams gelten. Hunde binden sich generell gerne an Menschen, die ihnen Sicherheit und Schutz bieten, die aber zudem ihre Bedürfnisse kennen und ihnen zu einem großen Teil ermöglichen, diese auszuleben. Gemeinsame Unternehmungen, die eine gewisse geistige Verbundenheit ausdrücken, gehören dazu.

Regelmäßige Sozialkontakte

Für unsere sozialen Kaniden sind regelmäßige Sozialkontakte das Lebenselixier. Diese kann man zum Beispiel bei Begrüßungsritualen sowie im Spiel hervorragend stärken. Auch die Anerkennung besonderer Leistungen sowie das Eingehen auf persönliche Stärken und Vorlieben festigt die Beziehung. Also loben Sie Ihren Vierbeiner öfter einmal für etwas, was er gerade besonders gut gemacht hat oder für etwas, das ihn einzigartig macht. Das ist produktiver, als ihn ständig für das zu maßregeln, was er (noch) nicht gut kann. Gehen Sie auf seine Bedürfnisse ein und achten Sie auch auf seine Vorlieben und Schwächen. Er wird es Ihnen danken, wenn Sie ihn beispielsweise bei einer Begegnung mit einem wenig geliebten Hundebekannten nicht ins „offene Messer" laufen lassen.

Vorausschauender Mensch

Tragen Sie in unklaren Situationen zur Beruhigung bei, indem Sie selbst souverän auftreten und den Überblick behalten. Überbehüten Sie ihn nicht und geben Sie ihm die Chance, soweit vertretbar, auch einmal eigenständig seine Erfahrungen zu machen. Überfordern und unterfordern Sie ihn nicht. Und wenn Sie außerdem noch für Schmuse- und Spielstunden bereitstehen, dann sind Sie für

Ihren Hund der/die Größte. Bei Körperkontakt und im Spiel wird zudem noch das körpereigene Hormon Oxytocin ausgeschüttet, das auch Bindungshormon genannt wird.

Mensch-Hund-Beziehung erforscht

Wie wichtig für den Hund eine gute Beziehung zum Menschen ist, wurde erst kürzlich an der Universität in Budapest in zwei Studien ermittelt. Die getesteten Hunde beschäftigten sich länger mit ihrem Spielzeug und waren viel motivierter, wenn ihr Besitzer dabei war. Selbst wenn der Mensch sich gar nicht weiter engagierte, also einfach nur da war. Der Mensch ist der sichere Hafen (englisch „secure base“) für sie. Er übernimmt für seinen Hund eine ähnliche Funktion wie Eltern für ihre Kinder. Andere Studien zeigten auf, dass sich unsere Vierbeiner sehr an ihrem Menschen orientieren, wenn es darum geht, Probleme zu lösen. Dann „fragen“ sie schon mal, bellen oder jaulen: „Mach mal!“. Insgesamt lernen Hunde, anders als Wölfe, nicht so gut von ihren Artgenossen, sondern achten lieber darauf, was wir tun. Ganz schön clever!

Was Hunde sich von Menschen wünschen

Wenn sich ein Hund etwas von seinem Menschen wünschen dürfte, dann wäre das unter anderem: Verlässlichkeit, Souveränität, Hilfsbereitschaft, Übernahme von Verantwortung, Aufstellen klarer Regeln, zudem das Akzeptieren der eigenen Hundepersönlichkeit und Kenntnis der hundlichen Bedürfnise sowie ganz viel Verständnis und Zuneigung. Eigentlich ist es gar nicht viel, was letztendlich eine gute Beziehung hervorbringt und ausmacht.

Mythos Man darf Hunden nie direkt in die Augen sehen

So absolut formuliert, stimmt die Aussage nicht, aber zugegeben, es gibt auch Ausnahmen. Es ist nicht korrekt, dass der Blick in die Hundeaugen grundsätzlich als aggressives Signal aufgefasst werden könnte, denn gut sozialisierte Vierbeiner wissen, dass wir Augenmenschen sind. Sie haben sogar durch Beobachtung gelernt, dass unsere Augen meist dahin blicken, wo es etwas Bedeutsames zu sehen gibt und folgen interessiert unserer Blickrichtung.

Was sieht der Mensch?

Schauen wir nicht hin, dann lohnt sich das Stibitzen des Würstchens! Und die Hunde wissen genau, wenn wir sie im Blick haben. Dann nämlich befolgen sie unsere Anweisungen viel zuverlässiger, als wenn wir abgelenkt sind. Unsere Aufmerksamkeit ist in den meisten Fällen sogar eine Belohnung für sie. Deshalb wird empfohlen, sie nicht anzuschauen, wenn sie uns einmal nerven, zum Beispiel durch Betteln. Haben Sie schon einmal beobachtet, was Ihr Hund unternimmt, wenn sein Lieblingsspielzeug an einen für ihn unerreichbaren Ort gekullert ist? Er wird Sie vielleicht anspringen und bellen. Vielleicht wird er Sie aber auch anschauen, ganz feste in Ihre Augen schauen, und dann seinen Kopf in die Richtung drehen, in der sein Spielzeug verschwunden ist: „Nun mach mal Mensch!". Dieses Hin- und Herschauen zwischen Ihnen und dem Objekt seiner Begierde wird er so lange zelebrieren, bis Sie verstanden haben: Sie sind gefordert!

Unsere Vierbeiner nutzen also sogar aktiv den Blick in unsere Augen, um mit uns zu kommunizieren. Das Anschauen ist zu ihrer Strategie geworden, Probleme zu lösen. Und dieser intensive Blick ist auch oft schuld daran, dass wir Dinge tun, die wir vielleicht gar nicht tun wollen.

Deeskalation durch Wegschauen

Keine Regel ohne Ausnahme: In stressigen Situationen den eigenen Hund nachdrücklich dazu aufzufordern, uns anzuschauen, ist jedoch meistens keine gute Idee. Durch sein Abwenden des Blicks versucht er gerade, zur Deeskalation beizutragen. Auch einem verunsicherten oder fremden Hund hilft es enorm, wenn wir den Blick abwenden und damit klar machen, dass wir ihm nichts Böses wollen.
Praxis: Ein sogenanntes Aufmerksamkeitstraining kann im Alltag ausgesprochen hilfreich sein, gerade bei Hunden, die sich allgemein schlecht konzentrieren können. Belohnen Sie Ihren vierbeinigen Freund immer dann, wenn er direkt in Ihre Augen schaut und verknüpfen Sie das dann mit dem Befehl „Guck!“ oder „Schau!“.

Mythos Hunde übernehmen die Stimmungen der Menschen

Ja! Während wir unter Stimmung üblicherweise eine gute oder schlechte Laune verstehen, definiert die Verhaltensbiologie Stimmung als Handlungsbereitschaft: Innere Faktoren tragen dazu bei, dass ein Verhalten gezeigt wird. Verhalten wird im Gehirn aber auch bewertet und mit bestimmten Emotionen verknüpft. Gähnen ist zum Beispiel ansteckend, und zwar nicht nur unter Artgenossen. Mancher Vierbeiner lässt sich vom menschlichen Gähnen anstecken. Ein denkbarer Grund dafür könnte Empathie (das Hineinversetzen in das Fühlen, Denken etc. anderer) sein.

Spiegelneuronen

An diesem Prozess sind sogenannte Spiegelneuronen beteiligt. Das sind spezielle Nervenzellen, die aktiv werden, wenn ein Lebewesen ein anderes bei einer Tätigkeit beobachtet. Können sich unsere Hunde also in uns hineinversetzen?

Dass Hunde prinzipiell dazu in der Lage sind, ist eigentlich nicht ungewöhnlich. Kaniden sind soziale Tiere, die in der Gemeinschaft leben und überleben. Wenn Wölfe gemeinsam auf die Jagd gehen, arbeiten sie auf ein gleiches Ziel hin, sie zeigen synchrones Verhalten. In einer Gruppe ist es in manchen Situationen wichtig, dass alle Beteiligten an einem Strang ziehen. Diese Synchronisation hilft dabei, Gruppenziele gemeinsam umzusetzen. Sie funktioniert jedoch nicht unter Zwang, sondern auf freiwilliger Basis. Diese Orientierung verläuft sicherlich über mehrere „Kanäle“: die visuelle Beobachtung, olfaktorische (geruchliche) Hinweise und auch die Erinnerung an frühere Erlebnisse. Außerdem ist wohl das sogenannte Belohnungs- und Beruhigungssystem aktiv.

Gemeinsam sind wir stark

Gemeinsamkeit macht also ein gutes Gefühl. Dagegen verursacht abweichendes Verhalten beim Individuum Stress. Stimmungsübertragung wird uns Menschen im Umgang mit unseren Hunden meist nur bewusst, wenn es um negative Gefühle geht: Gestresste Menschen verursachen beim Hund ebenfalls Stress. Sieht der Hundehalter der Begegnung mit einem frechen oder rauflustigen Vierbeiner mit Sorge und Anspannung entgegen, verhält sich auch der eigene Hund dementsprechend. An der Universität Wien wurden Mensch-Hund-Teams bezüglich der gegenseitigen Beeinflussung der Persönlichkeit getestet. Was dabei herauskam, war eine erstaunliche Symmetrie: Unsichere Hunde blieben länger bei ihrem emotional instabileren Menschen. Geringere Cortisolwerte konnten bei entspannten Mensch-Hund-Teams festgestellt werden, ein Hinweis auf die geringere Anfälligkeit für Stress. Dagegen wiesen Hundehalter einen höheren Cortisolwert auf, deren Hunde unruhig waren und öfter bellten. Wer nun wen beeinflusst, soll in weiteren Studien untersucht werden.
Praxis: Das Lernen klappt – bei Mensch und Hund – viel leichter, wenn man gut aufgelegt ist. Trainieren Sie nicht, wenn Sie keine Zeit haben oder verärgert sind.

Mythos Eine zu enge Bindung fördert Trennungsängste

Nein, das konnte widerlegt werden. Oft heißt es, dass Hunde, die an einer ausgeprägten Trennungsangst leiden, übermäßig anhänglich seien und ihren Besitzer ständig verfolgten. Doch Hunde mit und ohne der Diagnose Trennungsangst verhalten sich hinsichtlich ihrer Anhänglichkeit recht ähnlich. Sehr anhängliche Hunde müssen also nicht unbedingt eine Trennungsangst entwickeln.

Eine wirkliche Trennungsangst könnte laut der Forscher in einer ambivalenten oder unsicheren Beziehung zum Besitzer begründet sein. Man leitet diese Erkenntnis auch von Beobachtungen an Menschenkindern ab. Man unterscheidet bei Kindern verschiedene Bindungsformen zu ihren Eltern. Je nach Bindungsform treten bei ihnen Symptome auf, die wir auf unsere Hunde übertragen können. So gibt es Kinder, die die Zuversicht in die Rückkehr des Bindungspartners komplett verloren haben und depressive Züge zeigen. Andere geben sich deutlich gestresst, weil sie nicht vorhersehen können, was ihr Bindungspartner tut. Bei Rückkehr der Bezugsperson können sie sehr stark klammern oder aggressiv sein. Andere wiederum fallen durch stereotypes sowie unerwartetes Verhalten auf. Dagegen sind Kinder mit einer sicheren Bindung zuversichtlicher. Auch wenn sie in einer Trennungssituation etwas irritiert sind (bei Hunden z. B. Suchverhalten) oder sogar kurzzeitig weinen (bei Hunden z. B. Fiepen, Jammern), beruhigen sie sich schnell wieder und lassen sich beispielsweise von einer ihnen unbekannten Person zum Spielen verleiten.

Praxis: Üben Sie bereits ab dem Welpenalter Trennungsszenarien ein. Bei älteren Hunden benötigen Sie mitunter viel Geduld, aber auch bei ihnen zahlt sich ein behutsames Training noch aus. Die Gewissheit, dass dieser Frust auszuhalten ist und dass Sie immer wieder zurückkehren, stärkt gerade das Selbstbewusstsein unserer Vierbeiner.

Mythos Hunde sind lieber mit Artgenossen zusammen

Nicht unbedingt. Hunde benötigen zum Glücklichsein andere Hunde, aber vor allem auch den Menschen. Der Hund wäre, als *Canis lupus familiaris* zudem gar nicht ohne den Menschen denkbar. In vielen Studien fand man heraus, dass Hunde oftmals den Menschen bevorzugen, vor allem in kritischen Situationen. Gerade in einer neuen, fremden Umgebung, tendieren Vierbeiner vielmehr dazu, sich an einem Menschen zu orientieren, als an einem Kumpelhund. Und dieser Mensch muss noch nicht einmal eine enge Bezugsperson sein. Ein anderer Hund kann ihnen selten die Sicherheit geben, die ihnen ein Mensch vermittelt. Allerdings wäre es ein Trugschluss, nun Hunde ohne den Kontakt zu anderen Vierbeinern aufwachsen und leben zu lassen. Der Kontakt zu Artgenossen dient in jedem Lebensalter dazu, die hundespezifische Kommunikation zu erlernen und zu pflegen. Vor allem im Welpenalter und unter Heranwachsenden ist dieser Kontakt unerlässlich, damit sie ein sicheres Sozialverhalten lernen.
Praxis: Ihr Hund braucht Sie als Kumpel und souveränen Partner. Unternehmen Sie im Alltag viel mit Ihrem Hund. Lassen Sie ihn an Ihrem Leben teilhaben.

Mythos Der Mensch sollte seinen Hund beschwichtigen

Nein. Der Begriff Beschwichtigungssignal ist in aller Munde. Leider wird er jedoch meist zu allgemein eingesetzt, denn es gibt Unterschiede zwischen Beschwichtigungs- („appeasement signals“) und Beruhigungssignalen („calming signals“).

Unbedingt differenzieren

Beschwichtigungssignale sendet etwa der aus, der Mist gebaut hat oder gemaßregelt wurde. Oder Hunde, denen alles zu viel wird, die sich bedrängt fühlen. Das sind dann Gesten wie zum Beispiel Sich-Ducken, Wegdrehen des Kopfes oder Lecken des eigenen Mauls.

Beruhigungssignale sendet wiederum der aus, der die Situation beruhigen, entspannen möchte, also etwa die Wolfsmutter. Gesten sind zum Beispiel das Pföteln, Anstupsen oder Beknabbern der Schnauze des anderen.

Sie dienen dazu, Stress innerhalb einer Gruppe oder zwischen Zweien abzubauen und klären allgemein eine Beziehung. Wenn überhaupt, dann sollte der Mensch seinem Hund also Beruhigungssignale senden. Ebenso wie Versöhnungssignale sind diese geeignet, die Mensch-Hund-Beziehung zu entspannen und das Wir zu betonen. **Praxis:** Geben Sie Ihrem Hund durch Beruhigungs- oder Versöhnungssignale zu verstehen, dass Sie an einem harmonischen Miteinander und am Bereinigen etwaiger Verstimmungen interessiert sind. Streicheln Sie ihn sanft oder laden Sie ihn freundlich ein, mit Ihnen mitzugehen. Geben Sie ihm keine Signale, die er als Unsicherheit auffassen könnte, schließlich sollten Sie doch den Plan haben. Isoliert ausgesendet funktionieren die Signale kaum, weil sie nicht authentisch rüberkommen. Unsere Hunde machen sich nämlich aus unserem Gesamtverhalten ihr eigenes Bild.

Das Thema Beschwichtigungssignale sorgt immer wieder für Kontroversen. Es gibt darum auch Stimmen, die diese Signale nicht als bewusste, sondern als unbewusste Reaktionen werten, also nicht als gezielt eingesetzte Kommunikationssignale.

Mythos Hunde dürfen niemals das Spiel beginnen

Das stimmt so nicht. Das Spiel hat einen ganz besonderen Stellenwert im Leben unserer Hunde und läuft auch nach eigenen Spielregeln ab (siehe dazu Seite 20). Jungwölfe fordern ihre älteren Geschwister zum Spielen auf, ebenso ihre Mutter und sogar ihren Vater. Hunde, die ausgiebig mit ihren Menschen spielen dürfen (echtes Sozialspiel, kein monotones Bällchenwerfen oder Wettbewerbe), kommen mit den Anforderungen der menschlichen Umwelt besser klar. Da im Spiel gewisse Regeln herrschen (die wichtigste: Wer unfair spielt, heftig rempelt oder feste zubeißt, darf nicht mehr mitspielen,) lernt Ihr Hund auf Sie zu achten, mit Frust besser umzugehen oder auch sich anzupassen.

Kooperation und Fairness

Kooperation und Fairness werden in keinem anderen Lebensbereich so unmittelbar erlernt wie im Sozialspiel. Spiel ist übrigens ein echter Stresskiller. Aber nur das Spiel, das ohne Kommandos und Disziplinierungen auskommt, keinen Wettbewerb darstellt, dafür aber reich ist an Ermunterungen und zärtlichen Berührungen. Noch ein weiteres Hormon hat mit dem Spielen zu tun: das Oxytocin, das zudem als „Bindungshormon“ bekannt ist und während des Sozialspiels ausgeschüttet wird, bei Mensch und Hund. Noch eine gute Nachricht: Vierbeiner, die ausgiebig mit Menschen spielen dürfen, kommen sogar besser mit einer kurzzeitigen Trennung zurecht. Kein Wunder: Während des Spiels erfahren Hunde die Verlässlichkeit des Sozialpartners Mensch. Sie erlernen eine gesunde Neugier und erleben auch kurze Momente des Frusts: All das verhindert in den meisten Fällen das Entstehen von Trennungsängsten (siehe Seite 116). Außerdem merken Hunde während des Spiels, dass sie es in der Hand haben – ihr

Verhalten ist es, das eine Situation beeinflusst. Sie fühlen sich nicht hilflos. Dies macht sie insgesamt selbstsicherer und gelassener, ja optimistischer, was der Beziehung Mensch-Hund nur gut tun kann.

Praxis: Gehen Sie ruhig einmal auf die Spielaufforderungen Ihres Hundes ein und spielen Sie mit ihm, wenn Sie dazu Lust und Zeit haben. Keine Angst: Ihre Autorität leidet darunter nicht. Im Gegenteil! Sie gewinnen seine Zuneigung und sein Vertrauen! Ganz ohne Spielregeln aber geht es nicht, vor allem, wenn der Vierbeiner dazu neigt, zu sehr aufzudrehen, beißt oder insgesamt über die Stränge schlägt.

Service

Möchten Sie immer auf dem Laufenden sein und interessieren Sie sich für aktuelle Studien und Forschungen über unsere Vierbeiner und ihre Verwandten, die Wölfe? Im Serviceteil finden Sie weitere nützliche Informationen.

Buchtipps

Bekoff, M. und Pierce, J.: Vom Mitgefühl der Tiere. Verliebte Eisbären, gerechte Wölfe und trauernde Elefanten, Kosmos Verlag, Stuttgart, 2011

Bloch, G. und Radinger, E. H.: Affe trifft Wolf. Dominieren statt kooperieren? Die Mensch-Hund-Beziehung. Kosmos Verlag, Stuttgart, 2012

Bradshaw, J: Hundeverstand. Kynos Verlag, Nerdlen/Daun, 2012

Feddersen-Petersen, D. U.: Ausdrucksverhalten beim Hund. Mimik, Körpersprache, Kommunikation und Verständigung. Kosmos Verlag, Stuttgart, 2008

Gansloßer, U. und Kitchenham, K.: Forschung trifft Hund. Neue Erkenntnisse zu Sozialverhalten, geistigen Leistungen und Ökologie. Kosmos Verlag, Stuttgart, 2012

Gansloßer, U. (Hrsg.): Mit Hunden leben. Expertenwissen für Hundehalter, Band 1, Filander Verlag, 2010

Gansloßer, U. (Hrsg.): Natürlich aggressiv. Expertenwissen für Hundehalter, Band 2, Filander Verlag, 2011

Joachim, K.: Mit meinem Welpen die Welt entdecken. Fit fürs Leben drinnen und draußen, Verlag Eugen Ulmer, Stuttgart, 2014

Kaminski, J. und Bräuer, J.: So klug ist Ihr Hund. Kosmos Verlag, Stuttgart, 2011

Kotrschal, K.: Wolf – Hund – Mensch. Die Geschichte einer jahrtausendealten Beziehung. Christian Brandstätter Verlag, Wien, 2012

Miklósi, Á.: Hunde. Evolution, Kognition, Verhalten. Kosmos Verlag, Stuttgart, 2011

Range, F.: Wie denken Tiere. Faszinierende Beispiele aus dem Tierreich.
Verlag Carl Ueberreuter, Wien, 2009

Radinger, E.H. (Hrsg.): Wolf & Hund. Wieviel Wolf steckt noch in unseren Hunden? Wolf Magazin 1/2013, Autorenhaus Verlag, Berlin, 2013

Rauth-Widmann, B.: Die Sinne des Hundes. Wie Hunde ihre Welt wahrnehmen. Kosmos Verlag, Stuttgart, 2014

Schmidt-Röger, H.: Das große Ulmer Hundebuch. Verlag Eugen Ulmer, Stuttgart, 2008

Sowie zahlreiche Forschungsberichte und Studien. Eine Auswahlliste können Sie direkt über die Autorin (www.forum-mensch-hund.de) erhalten.

Klicks im WWW

http://www.eva.mpg.de/psycho/dog-cognition_de.php
Abteilung für vergleichende und Entwicklungspsychologie/ Hundekognition des Max Planck Instituts für Evolutionäre Anthropologie

http://www.wolfscience.at
WolfScienceCenter Ernstbrunn bei Wien

http://mensch-tier-beziehung.univie.ac.at/
Forschungsgruppe Mensch-Tier-Beziehung der Universität Wien

http://familydogproject.elte.hu
Lehrstuhl für Ethologie an der Eötvös Loránd Universität Budapest

www.gfh-wolfswinkel.de
Gesellschaft für Haustierforschung e.V.

Homepage der Autorin
www.forum-mensch-hund.de

Bildnachweis

Alle Zeichnungen in diesem Buch und auf dem Umschlag stammen von Susanne Dinkel, Reutlingen.

Wo finde ich was?

Impressum

Bibliografische Information der Deutschen Nationalbibliothek
Die Deutsche Nationalbibliothek verzeichnet diese Publikation in der Deutschen Nationalbibliografie; detaillierte bibliografische Daten sind im Internet über http://dnb.d-nb.de abrufbar.

Wollgrasweg 41, 70599 Stuttgart (Hohenheim)
E-Mail: info@ulmer.de
Internet: www.ulmer.de

Lektorat: Gabi Franz, Kathrin Gutmann
Herstellung und dtp: Lena Triantafiloudis
Umschlagentwurf: Atelier Reichert, Stuttgart
Druck und Bindung: Friedrich Pustet, Regensburg
Printed in Germany

ISBN 978-3-8001-8393-7